Lamquet
86.

QUASAR

Les Biômes

Texte et dessin : Chris Lamquet

DUPUIS

ISSN 0773-4948
I.S.B.N. 2-8001-1513-0

LES BIÔMES

THE END
BEN IL ÉTAIT VRAIMENT BIEN, CE FILM.
BIEN? GÉNIAL, OUI! PAS VRAI, MOLMOL?
OUI OUI, PAS MAL. IL Y A UN AUTRE FILM QUI COMMENCE SUR LA VINGT-SEPTIÈME CHAÎNE. JE NE TIENS PAS À LE RATER.
PARAÎT QUE C'EST UN MOLMOL QUI JOUE LE RÔLE PRINCIPAL.
UN ACTEUR-ROBOT! JE SUIS CURIEUX DE VOIR ÇA.
ZOOO... ALCOOL, JUS, BONBONS, CHOCOLATS... ZOOOO.
CHOCOLAT POUR MOI.
CHUUUT! C'EST DÉJÀ COMMENCÉ.
SPRRUUUT?
ZOL
ART AVENUE RESID 13.
TINK!
TOL TAXI
RESID 13
TOL TAX

TOUT COMMENÇA AVEC LA VISITE DE L'ONCLE ALBARAN.
ALLEZ, ALLEZ ! AVANÇONS !
CE JOUR-LÀ, IL REVENAIT SUR TERRE APRÈS PLUSIEURS ANNÉES PASSÉES À ROULER SA BOSSE DANS LES LOINTAINES COLONIES DU SYSTÈME. SA PREMIÈRE VISITE FUT POUR SA SOEUR, LESLIE.
LESLIE AVAIT UN FILS : DAVID. ET ONCLE ALBARAN NE L'AVAIT PAS OUBLIÉ.
REGARDE, DAVID, JE T'AI RAPPORTÉ DES PETITS COPAINS.
ET QUELS COPAINS ! DES BIÔMES, LES FAMEUX JOUETS VIVANTS.
MERCI, ONC' ALB.
MON DIEU, ALBARAN, TU ES FOU ! CES BIÔMES ONT DÛ TE COÛTER UNE FORTUNE.
BAH !
REGARDE COMME CE GOSSE EST HEUREUX !
TU ES UN AMOUR, GRAND FRÈRE.
POUR ÊTRE HEUREUX, DAVID L'ÉTAIT. LUI ET SES BIÔMES ALLAIENT DÉSORMAIS DEVENIR INSÉPARABLES.
PARMI LES QUATRE ROBOTS-JOUETS, DAVID SE TROUVA VITE SON CHOUCHOU : MOLMOL, LE BONHOMME VERT. AU FIL DES MOIS, LA COMPLICITÉ DU GARÇON ET DU BIÔME ALLAIT S'AFFIRMER DE PLUS EN PLUS.

LES BIÔMES ÉTAIENT DES JOUETS, ET ILS ÉTAIENT CONÇUS POUR CETTE FONCTION. POURTANT...
ON JOUE À QUOI ?
À RIEN !
...POURTANT LE MOLMOL ALLAIT SE MONTRER TRÈS DIFFÉRENT.
DAVID ! VA RANGER TA CHAMBRE, S'IL TE PLAÎT.
LAISSEZ-LE TRANQUILLE.
PARDON ?
LAISSEZ-LE TRANQUILLE. JE LUI INCULQUE DES PRINCIPES DE MÉCANIQUE CÉLESTE. IL DOIT ENCORE ASSIMILER TOUTE UNE SÉRIE DE PARAMÈTRES.
INCULQUE ? ASSIMILER ? MAIS DE QUOI IL SE MÊLE CE ROBOT ? TU VAS LAISSER MON FILS EN PAIX, OUI !
CHUT !
DAVID !
PLUS TARD, MAMAN.
ET LE MOLMOL DEVAIT ENCORE SE DISTINGUER QUELQUE TEMPS APRÈS ;
MOLMOL, TU SUIS ?
!
TCHOK
MOLMOL ?
2.

ARRÊTE, TU ES FOU !?
KROK
MÉCHANT, TU AS CASSÉ MON PERROQUET !
TIENS ! JE VAIS LE DIRE À MA MAMAN. TU VAS VOIR CE QU'ELLE VA...
DAVID !
REGARDE MES YEUX, DAVID, REGARDE-LES BIEN.
MMPFF !
T'AS RAISON, MOLMOL. IL ÉTAIT BÊTE, CE PERROQUET ! TIENS, SALE ROBOT.
HAHAHAHAHA
MON DIEU !
CE BIÔME MOLMOL N'EST PAS NORMAL. IL FAUT QUE JE PRÉVIENNE ALBARAN
3.

CE N'EST PAS LOGIQUE QU'UN BIÔME EN DÉTRUISE UN AUTRE... VOLONTAIREMENT.
TU VIENS SOUVENT ICI, AVEC TA MAMAN ?
C'EST LA PREMIÈRE FOIS. ONCLE ALB' A ACHETÉ CETTE MAISON FLOTTANTE QUAND IL EST REVENU SUR TERRE AVEC VOUS QUATRE. "POUR MES VIEUX JOURS" QU'IL A DIT.
TU L'AIMES BEAUCOUP, HEIN, TA MAMAN ?
OH OUI, ELLE EST CHOUETTE ! ENFIN... PARFOIS, ELLE M'EMBÊTE UN PEU QUAND MÊME... POURQUOI ?
POUR RIEN, DAVID ! POUR RIEN.
TIK. TRANSMISSIONS INTERSPACE. TIK.
JE VOUDRAIS ENVOYER UN MESSAGE À ALBARAN TIPTREE, TECHNOFOREUR SUR UNE DES LUNES DE JUPITER. JE CROIS QUE C'EST SUR GANYMÈDE.
ÉNONCEZ VOTRE MESSAGE. ATTENTION : CENT VINGT SECONDES MAXIMUM.
MOLMOL, TANTÔT ON IRA SUR LE LAC ET...
TAIS-TOI !
...PAS NORMAL. CE BIÔME A DE PLUS EN PLUS D'EMPRISE SUR DAVID. JE T'EN PRIE, AIDE-MOI. D'OÙ VIENT CE MOLMOL ? QUEL EST FABRICANT ? JE NE...
HÉ, MOLMOL ! ÇA NE VA PAS ?
SI, SI, NE T'EN FAIS PAS !
TOUT VA TRÈS BIEN.
4.

DEUX MOIS PLUS TARD.
...ET DAVID A RÉAGI COMMENT, QUAND IL A VU LE MOLMOL DÉTRUIRE LE PERROQUET?
BIZARREMENT, D'ABORD, IL A PARU TRÈS EN COLÈRE. ET PUIS TOUT À COUP, IL S'EST MIS À PIÉTINER LE PERROQUET EN RIANT. QUAND IL EST RENTRÉ, J'AI ESSAYÉ DE LUI EN PARLER, MAIS...
...MAIS LE MOLMOL M'A CLOUÉ LE BEC! ALB, CE BIÔME A COMME UNE FORCE TERRIBLE EN LUI. C'EST UN MONSTRE... UN MONSTRE QUI ME VOLE MON DAVID, JE LE SENS.
ALLONS, LESLIE, ALLONS. TU...
NON, JE NE ME FAIS PAS DES IDÉES! CE BIÔME EST EN TRAIN DE FAIRE LE VIDE AUTOUR DU PETIT. IL ÉCARTE TOUS LES ENFANTS DE SON ÂGE, IL L'ISOLE DU MONDE, IL LUI BOURRE LE CRÂNE, IL...
CALME-TOI! OÙ SONT-ILS, EN CE MOMENT?
SUR LA ROUTE QUI LONGE LE LAC. OH, ALB! DÉTRUIS-LE. JE T'EN SUPPLIE!
JE VAIS LES CHERCHER. ET QUAND JE RENTRE, TU ME LAISSES FAIRE, D'ACCORD?
D'ACCORD.
ZZZZZ
SI TOUT CE QUE ME DIT LESLIE SE VÉRIFIE, IL VA FALLOIR FAIRE APPEL À UN EXPERT EN ROBONIQUE.

AÏE!
AAAHH
SRIIISHHHHHHHH
KRAAK
ALB'!?
6

BON SANG ! QU'EST-CE QU'IL A BIEN PU FABRIQUER POUR EN ARRIVER LÀ !?
C'EST PAS POSSIBLE, IL A DÛ AVOIR UN MALAISE.
ALB' ! TU M'ENTENDS ? C'EST MOI, LESLIE. ALB' ?
SACRÉNOM ! CETTE FICHUE PORTIÈRE EST COINCÉE. ALB' ?
RIEN À FAIRE. LE CHOC A PEUT-ÊTRE ENCLENCHÉ L'ANTI-VOL.
ALB !
?
KRAAAK

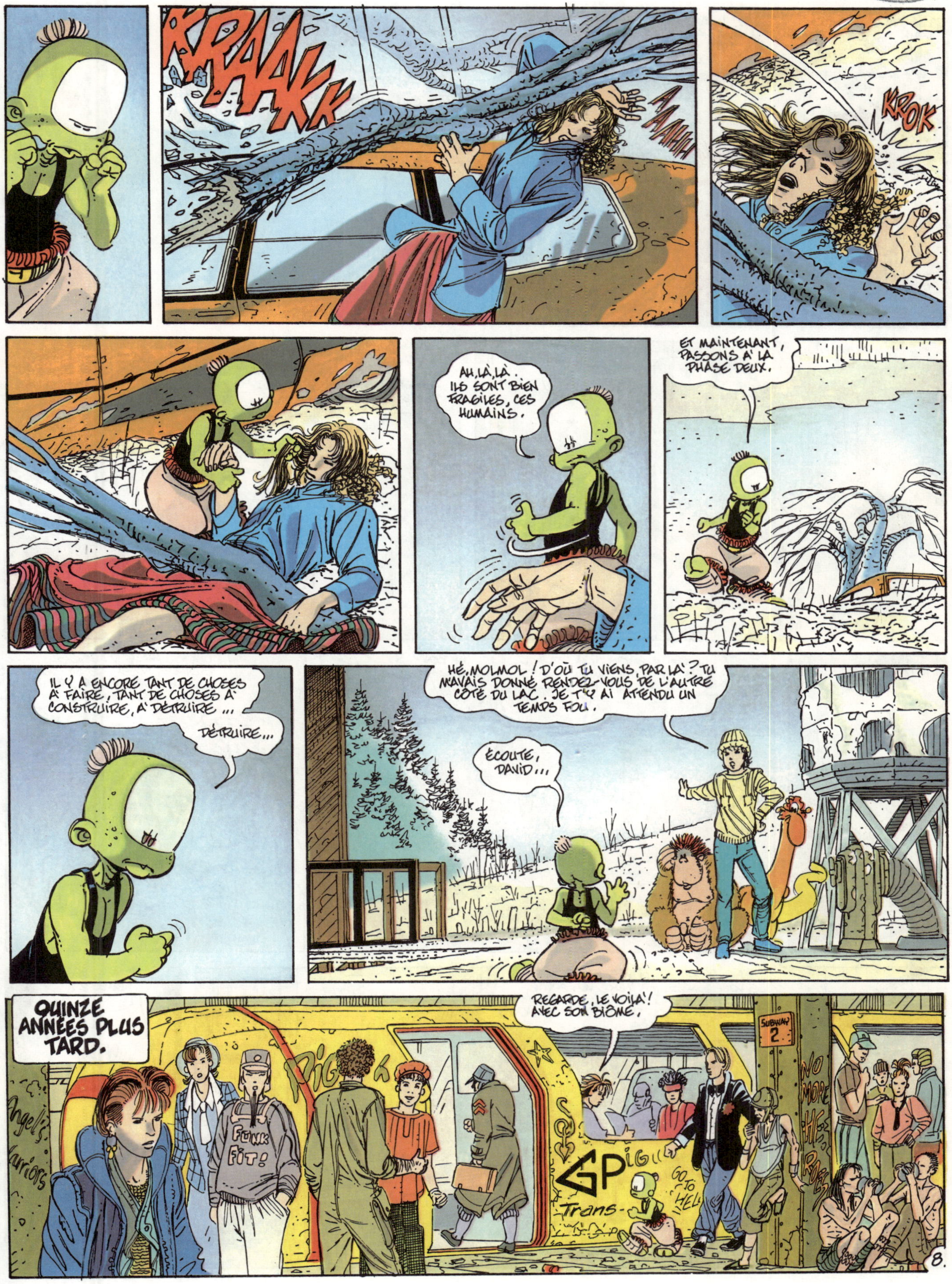
KRAAAKK
AAAHH
KROK
AH, LÀ, LÀ
ILS SONT BIEN FRAGILES, CES HUMAINS.
ET MAINTENANT, PASSONS À LA PHASE DEUX.
IL Y A ENCORE TANT DE CHOSES À FAIRE, TANT DE CHOSES À CONSTRUIRE, À DÉTRUIRE ...
DÉTRUIRE...
HÉ, MOLMOL ! D'OÙ TU VIENS, PAR LÀ ? TU M'AVAIS DONNÉ RENDEZ-VOUS DE L'AUTRE CÔTÉ DU LAC. JE T'AI ATTENDU UN TEMPS FOU.
ÉCOUTE, DAVID...
QUINZE ANNÉES PLUS TARD.
REGARDE, LE VOILÀ ! AVEC SON BIÔME.
SUBWAY 2
FUNK FIT!
Angel's Warriors
GP
Trans
GO TO HELL
NO MORE HEROES
8.

PAS MAL, MAIS IL A L'AIR PLUTÔT PRÉTEN-TIEUX.
IL A L'AIR DU SURDOUÉ QU'IL EST, MA VIEILLE. À VINGT ANS, CE TYPE EST DÉJÀ EN TERMINALE DES SCIENCES STELLAIRES, TU IMAGINES ?
OUT
EN PLUS DE ÇA, IL A DÉCROCHÉ DES MAÎTRISES EN BIONIQUE, EN PHYSIQUE QUANTIQUE ET EN JE NE SAIS PLUS TOUT QUOI. UN CAS, JE TE DIS !
QUAND MÊME : SE PROMENER AVEC UN ROBOT-JOUET À SON ÂGE : TU M'EXCUSERAS, MAIS TON SURDOUÉ, IL DOIT LUI MANQUER UN...
...GRAIN.
SALUT, DAVID.
OUI, BONJOUR.
TU TE SOUVIENS DE MOI ? ON ÉTAIT DANS LA MÊME CLASSE DÉBUT DE CETTE ANNÉE.
JE ME SOUVIENS. TU T'APPELLES MAROUCHKA.
IL EST MIGNON, TON MOLMOL. J'EN AVAIS UN PAREIL, QUAND J'ÉTAIS PETITE.
AH, BON ?
OUI... J'AVAIS D'AUTRES BIOMES, AUSSI. JE ME SOUVIENS D'UN PERROQUET... D'UN PETIT GORILLE...
...MAIS JE NE LES AI PAS GARDÉS TRÈS LONGTEMPS. MA MÈRE LES A VITE TROUVÉS TROP ENCOMBRANTS. JE CROIS QUE C'EST UN COLON DE L'ESPACE QUI NOUS LES A RACHETÉS.
AH, BON !?
PHASE DEUX RÉUSSIE.
9.

DANS LES JOURS QUI SUIVIRENT, DAVID ET MAROUCHKA ALLAIENT SE REVOIR DE PLUS EN PLUS SOUVENT...
PFF! AUJOURD'HUI, AU COURS DE CHIMIE, JE N'AI RIEN COMPRIS DU TOUT.
BAH! CE N'EST PAS GRAVE. TU VAS VOIR: ON VA RÉVISER ÇA ENSEMBLE, ET TU FINIRAS PAR TOUT TROUVER SIMPLE COMME BONJOUR.
TOUT TE PARAÎT SIMPLE À TOI. JE N'AI PAS CETTE CHANCE. UNE INTELLIGENCE COMME LA TIENNE, C'EST UN ATOUT FABULEUX DANS CE MONDE POURRI. MONTRE-MOI TA MAIN.
?!
C'EST BIEN CE QUE JE PENSAIS. IL Y EST INSCRIT QU'UN JOUR TA PUISSANCE SERA SANS ÉGALE. À TEL POINT QUE TU TIENDRAS LE SORT DE LA PLANÈTE ENTRE TES MAINS. SI, SI, JE T'ASSURE.
PAUVRE PLANÈTE! HA,HA!
EMMÈNE-MOI CHEZ TOI, DAVID. MAINTENANT
??
VOILÀ, C'EST ICI. JE TE PRÉVIENS: JE VIS SEUL, ET J'AI UNE CONCEPTION DU MÉNAGE PLUTÔT "LAISSER-ALLER"! BREF, IL Y A DU BAZAR.
MAIS QU'EST-CE QUE TU VEUX QUE ÇA ME FICHE?
Enjoy
À TES RISQUES ET PÉRILS!
D'ACCORD.
T'AS BIEN DIT "D'ACCORD", HEIN?
OUI OUI.
À CET INSTANT PRÉCIS DANS L'ESPACE, QUELQUE PART SUR UNE ORBITE TERRESTRE...
10-

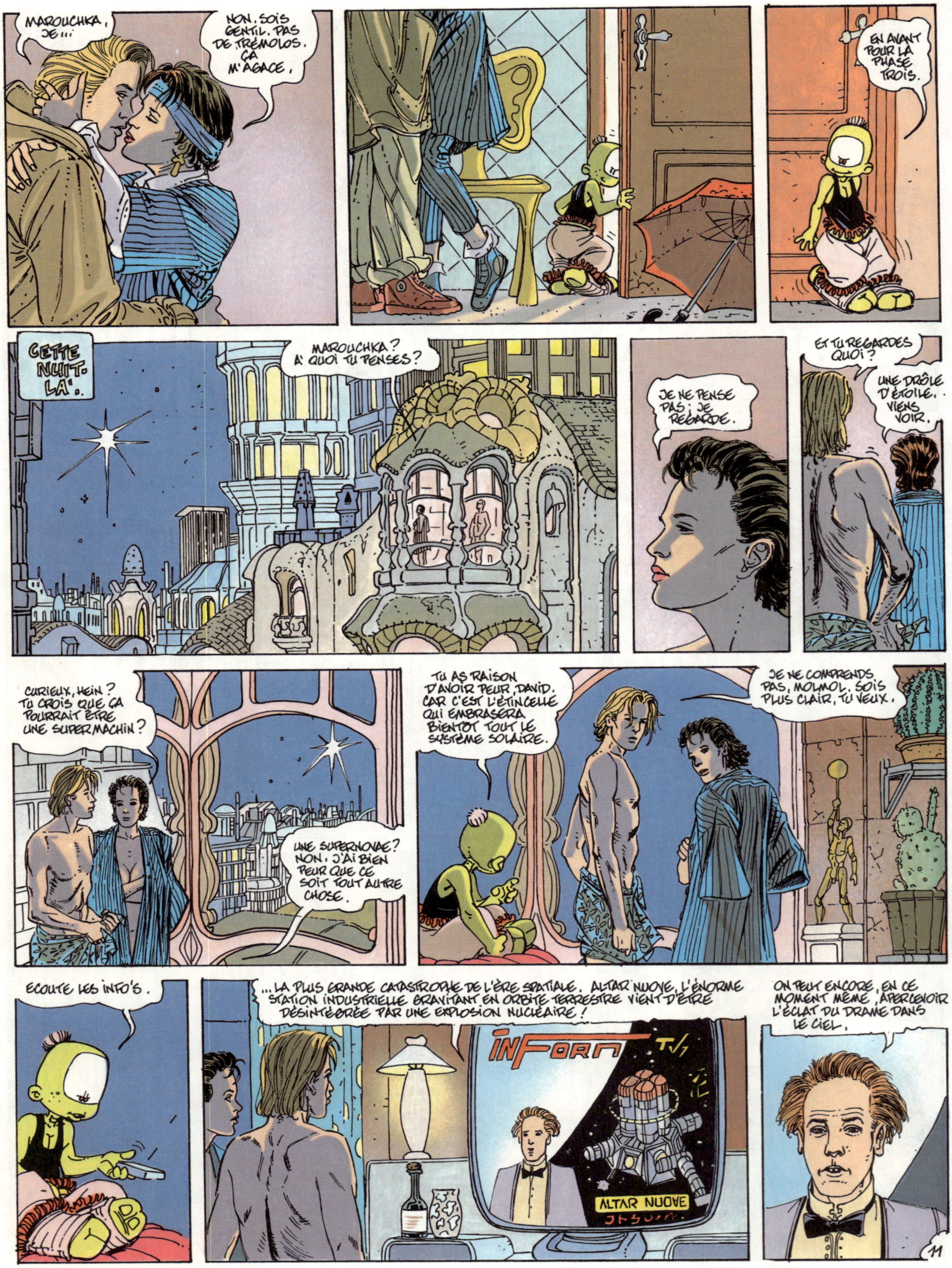
MAROUCHKA, JE...
NON. SOIS GENTIL. PAS DE TRÉMOLOS. ÇA M'AGACE.
EN AVANT POUR LA PHASE TROIS.
CETTE NUIT-LÀ.
MAROUCHKA? À QUOI TU PENSES?
JE NE PENSE PAS, JE REGARDE.
ET TU REGARDES QUOI?
UNE DRÔLE D'ÉTOILE. VIENS VOIR.
CURIEUX, HEIN? TU CROIS QUE ÇA POURRAIT ÊTRE UNE SUPERMACHIN?
UNE SUPERNOVAE? NON. J'AI BIEN PEUR QUE CE SOIT TOUT AUTRE CHOSE.
TU AS RAISON D'AVOIR PEUR, DAVID. CAR C'EST L'ÉTINCELLE QUI EMBRASERA BIENTÔT TOUT LE SYSTÈME SOLAIRE.
JE NE COMPRENDS PAS, MOLMOL. SOIS PLUS CLAIR, TU VEUX.
ÉCOUTE LES INFO'S.
...LA PLUS GRANDE CATASTROPHE DE L'ÈRE SPATIALE. ALTAR NUOVE, L'ÉNORME STATION INDUSTRIELLE GRAVITANT EN ORBITE TERRESTRE VIENT D'ÊTRE DÉSINTÉGRÉE PAR UNE EXPLOSION NUCLÉAIRE!
INFORM
ALTAR NUOVE
ON PEUT ENCORE, EN CE MOMENT MÊME, APERCEVOIR L'ÉCLAT DU DRAME DANS LE CIEL.
11

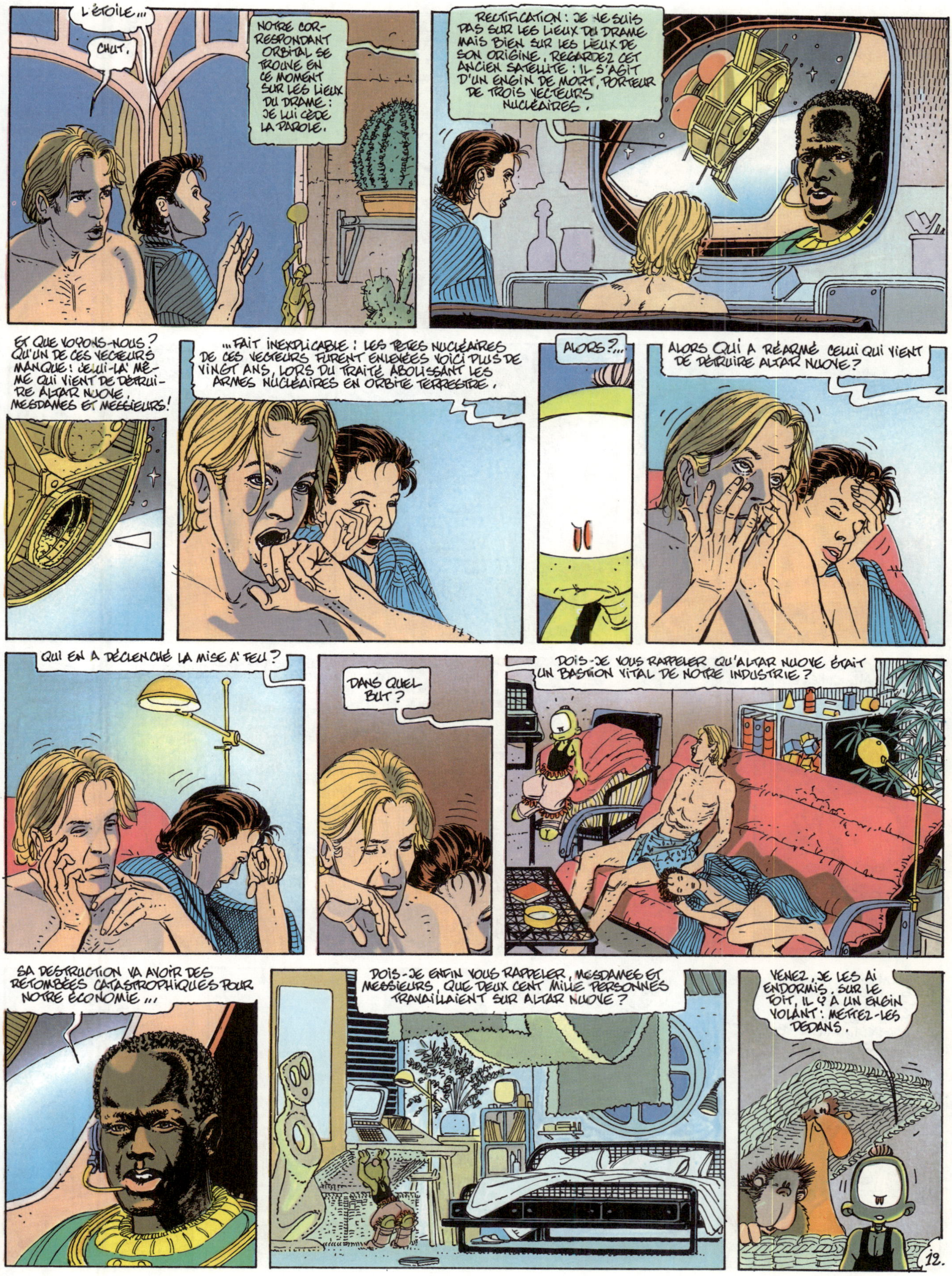
L'ÉTOILE...
CHUT.
NOTRE CORRESPONDANT ORBITAL SE TROUVE EN CE MOMENT SUR LES LIEUX DU DRAME : JE LUI CÈDE LA PAROLE.
RECTIFICATION : JE NE SUIS PAS SUR LES LIEUX DU DRAME MAIS BIEN SUR LES LIEUX DE SON ORIGINE. REGARDEZ CET ANCIEN SATELLITE : IL S'AGIT D'UN ENGIN DE MORT, PORTEUR DE TROIS VECTEURS NUCLÉAIRES.
ET QUE VOYONS-NOUS ? QU'UN DE CES VECTEURS MANQUE : CELUI-LÀ MÊME QUI VIENT DE DÉTRUIRE ALTAR NUOVE, MESDAMES ET MESSIEURS !
...FAIT INEXPLICABLE : LES TÊTES NUCLÉAIRES DE CES VECTEURS FURENT ENLEVÉES VOICI PLUS DE VINGT ANS, LORS DU TRAITÉ ABOLISSANT LES ARMES NUCLÉAIRES EN ORBITE TERRESTRE.
ALORS ?...
ALORS QUI A RÉARMÉ CELUI QUI VIENT DE DÉTRUIRE ALTAR NUOVE ?
QUI EN A DÉCLENCHÉ LA MISE À FEU ?
DANS QUEL BUT ?
DOIS-JE VOUS RAPPELER QU'ALTAR NUOVE ÉTAIT UN BASTION VITAL DE NOTRE INDUSTRIE ?
SA DESTRUCTION VA AVOIR DES RETOMBÉES CATASTROPHIQUES POUR NOTRE ÉCONOMIE...
DOIS-JE ENFIN VOUS RAPPELER, MESDAMES ET MESSIEURS, QUE DEUX CENT MILLE PERSONNES TRAVAILLAIENT SUR ALTAR NUOVE ?
VENEZ, JE LES AI ENDORMIS. SUR LE TOIT, IL Y A UN ENGIN VOLANT : METTEZ-LES DEDANS.
12.

ALLEZ, PRESSEZ-VOUS UN PEU ! ON A UNE TRÈS LONGUE ROUTE À FAIRE.
PFFF... C'EST LOURD.
VOILÀ. EMBARQUEMENT IMMÉDIAT. ET TENEZ-VOUS TRANQUILLES PENDANT LE VOL. COMPRIS, LES BIOMES ?!
PFRUUUT.
L'ANNONCE DE LA DESTRUCTION D'ALTAR NUOVE NE DEVRAIT PAS TARDER À PRODUIRE SES EFFETS.
...COMME PERSONNE NE SAURA JAMAIS QUI EN EST LA CAUSE, LES TERRIENS VONT S'ACCUSER À TORT ET À TRAVERS. LOGIQUEMENT, LES PREMIERS SOUPÇONNÉS RISQUENT D'ÊTRE LES ASIATIQUES.
DANS LE MILLE ! LES REPRÉSAILLES COMMENCENT DÉJÀ DANS LES QUARTIERS CHINOIS. ÇA N'A PAS TRAÎNÉ.
ENJOY THE
ARIAKO
BIP. CONTRÔLE AIR-POLICE. VOUS ÊTES EN DEHORS DU COULOIR DE VOL AUTORISÉ. IDENTITÉ-PROVENANCE-DESTINATION. BIP.
JE RÉPÈTE : VOUS ÊTES EN DEHORS DU COULOIR DE VOL AUTORISÉ. IDENTIFIEZ-VOUS. BIP.
ON VA S'AMUSER UN PEU. ACCROCHEZ-VOUS, LES BIOMES.
13.

AH, JE VOIS: ON EST TOMBÉ SUR UN COMIQUE.
ALLÔ, CONTRÔLE : ICI PATROUILLEUR SEIZE. JE VOUS SIGNALE UN MODULE CIVIL SANS IMMATRICULATION, TYPE ALBATROS, VOLANT HORS DES COULOIRS : DOUBLE REFUS D'IDENTIFICATION. JE LE PRENDS EN CHASSE.
DIRECTION : COMPLEXE INDUSTRIEL, AU NORD DE LA VILLE.
16
P
LE CONNARD! S'IL CROIT QUE LA FUMÉE VA LE RENDRE INVISIBLE.
HÉ! MAIS IL DISPARAIT DE L'ÉCRAN RADAR!
RÈGLE TON BIDULE, MON VIEUX. C'EST IMPOSSIBLE!
JE T'ASSURE QUE...
HEY!
AAAAHH!
BAOOMM
14

NOUS Y VOILÀ. RIEN N'A CHANGÉ.
NE TRAÎNONS PAS. LE SOMMEIL DANS LEQUEL JE LES AI PLONGÉS N'EST PAS TRÈS BON POUR LEUR SYSTÈME NERVEUX. PLUS VITE ILS SERONT DANS LES CAISSONS, MIEUX ÇA VAUDRA.
DAVID EST PRÊT.
MAROUCHKA AUSSI.
ALORS, ACTIVATION DES CAISSONS.
À BIENTÔT, DAVID TIPTREE.
BZiii
BZiii
À PARTIR DE MAINTENANT, ILS SONT SOUS VOTRE CONTRÔLE, LES BIOMES.
PFRRRT!
15.

MOI, JE DOIS PARTIR. ET JUSQU'À MON RETOUR, VOUS NE BOUGEREZ PAS D'ICI, COMPRIS ? VOUS SURVEILLEREZ LE BON FONCTIONNEMENT DES CUVES VINGT-QUATRE HEURES SUR VINGT-QUATRE.
TU NE JOUES PLUS AVEC NOUS ?
SI SI, RASSURE-TOI. QUAND JE REVIENDRAI, ON S'AMUSERA COMME DES FOUS. MAIS EN ATTENDANT, TU DOIS RESTER PRÈS DE DAVID ET MAROUCHKA. À BIENTÔT.
LÀ-BAS, CETTE BOULE DE FEU...
UNE EXPLOSION NUCLÉAIRE, DÉJÀ ! LES CHOSES VONT PLUS VITE QUE JE NE L'AURAIS ESPÉRÉ... EXCELLENT. JE VAIS LES LAISSER MARINER QUELQUE TEMPS DANS LEURS RADIATIONS...
ET PUIS J'AGIRAI.
TROIS SEMAINES PLUS TARD.
ENJOY
MP
16.

NOUS EN AVONS
ASSEZ!
OUI, ASSEZ DE LES VOIR SE PAVANER BIEN PROTÉGÉS, BOTTÉS, GANTÉS, MASQUÉS, ARMÉS ET INSOLENTS.
ALORS QUE NOUS CREVONS TOUS COMME DES MOUCHES, IRRADIÉS, BRÛLÉS, EMPOISONNÉS ET GELÉS PAR L'HIVER NUCLÉAIRE.
REGARDEZ-LES,
« CEUX-LÀ QUI VIENNENT D'ATOMISER LA TERRE ONT TOUT POUR Y SURVIVRE ET NOUS, TOUT POUR Y PÉRIR »
DAVID TIPTREE.
TAK TAK
IL N'Y A QUE LA VÉRITÉ QUI DÉRANGE, SOLDAT! IL A RAISON, CE DAVID TIPTREE: PENDANT QUE NOUS, LES CIVILS, ON CRÈVE DANS VOS SALOPERIES DE RETOMBÉES NUCLÉAIRES, VOUS, LES MILITAIRES, VOUS ÊTES BARDÉS DE PROTECTIONS. POURQUOI?
MOI AUSSI, J'AIMERAIS BIEN AVOIR UN MASQUE COMME ÇA.
SI J'EN AVAIS EU UN, TU CROIS QUE J'AURAIS ATTRAPÉ UNE TÊTE PAREILLE?
17

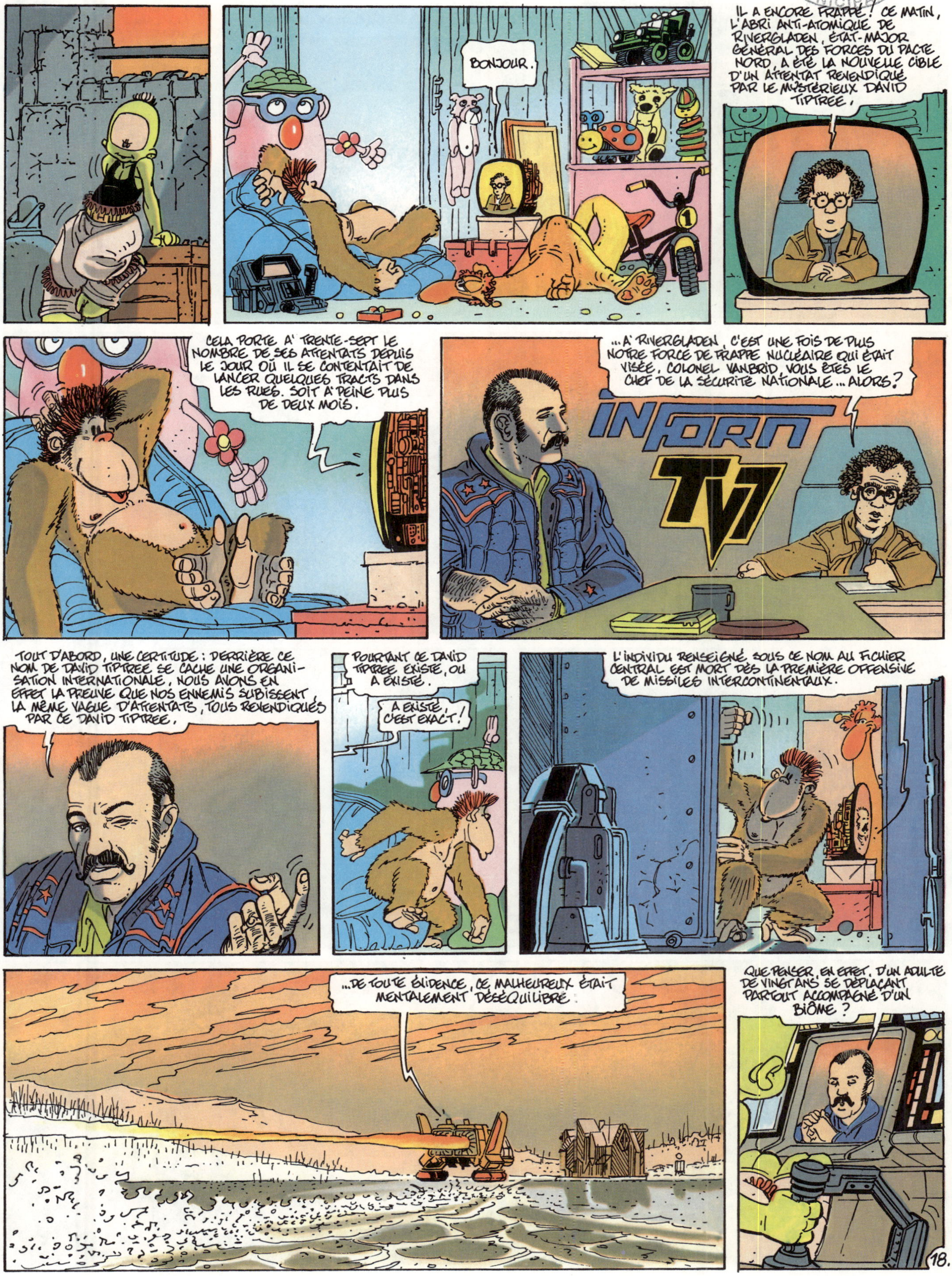
BONJOUR.
IL A ENCORE FRAPPÉ ! CE MATIN, L'ABRI ANTI-ATOMIQUE DE RIVERGLADEN, ÉTAT-MAJOR GÉNÉRAL DES FORCES DU PACTE NORD, A ÉTÉ LA NOUVELLE CIBLE D'UN ATTENTAT REVENDIQUÉ PAR LE MYSTÉRIEUX DAVID TIPTREE,
CELA PORTE À TRENTE-SEPT LE NOMBRE DE SES ATTENTATS DEPUIS LE JOUR OÙ IL SE CONTENTAIT DE LANCER QUELQUES TRACTS DANS LES RUES. SOIT À PEINE PLUS DE DEUX MOIS.
...À RIVERGLADEN, C'EST UNE FOIS DE PLUS NOTRE FORCE DE FRAPPE NUCLÉAIRE QUI ÉTAIT VISÉE. COLONEL VANBRID, VOUS ÊTES LE CHEF DE LA SÉCURITÉ NATIONALE ... ALORS ?
INFORM TV
TOUT D'ABORD, UNE CERTITUDE : DERRIÈRE CE NOM DE DAVID TIPTREE SE CACHE UNE ORGANISATION INTERNATIONALE. NOUS AVONS EN EFFET LA PREUVE QUE NOS ENNEMIS SUBISSENT LA MÊME VAGUE D'ATTENTATS, TOUS REVENDIQUÉS PAR CE DAVID TIPTREE.
POURTANT CE DAVID TIPTREE EXISTE, OU A EXISTÉ.
A EXISTÉ, C'EST EXACT !
L'INDIVIDU RENSEIGNÉ SOUS CE NOM AU FICHIER CENTRAL EST MORT DÈS LA PREMIÈRE OFFENSIVE DE MISSILES INTERCONTINENTAUX.
...DE TOUTE ÉVIDENCE, CE MALHEUREUX ÉTAIT MENTALEMENT DÉSÉQUILIBRÉ.
QUE PENSER, EN EFFET, D'UN ADULTE DE VINGT ANS SE DÉPLAÇANT PARTOUT ACCOMPAGNÉ D'UN BIÔME ?
18.

QUOI QU'IL EN SOIT, IL FAUT BIEN ADMETTRE QUE TIPTREE EST DEVENU UN SYMBOLE TRÈS POPULAIRE. SES TRACTS DEVIENNENT DES CHANSONS, SON AUDACE DIABOLIQUE SUSCITE L'ADMIRATION... VOUS NE CRAIGNEZ PAS QUE...
NOUS NE CRAIGNONS RIEN !
LA POPULATION SOUTIENT TOTALEMENT NOS EFFORTS POUR LA POURSUITE DE LA GUERRE.
...ET CEUX QUI S'Y OPPOSENT SONT DES TRAÎTRES !
KLIK
TU AS FAIT CE QUE JE T'AI DEMANDÉ.
OUI... LE RÉVEIL DE DAVID ET MAROUCHKA EST COMMENCÉ. ON VA POUVOIR JOUER.
PARFAIT. IL NE ME RESTE PLUS QU'À PRENDRE LE CONTRÔLE DE LEUR CERVEAU.
MAIS TOUT D'ABORD, JE VAIS LEUR INJECTER DES SOUVENIRS POUR LES DEUX MOIS QUI VIENNENT DE S'ÉCOULER... TOI, TU TIENS LEURS YEUX OUVERTS.
VOILÀ. QUAND IL SE RÉVEILLERA, IL SERA CONVAINCU D'ÊTRE LE DAVID TIPTREE DONT TOUT LE MONDE PARLE. À MAROUCHKA, MAINTENANT.
19

« WHITE HOUSE » STATION ORBITALE PRÉSIDENTIELLE.
QUATRE MOIS APRÈS L'ATTENTAT DE RIVERGLADEN.
... PLUS AUCUN MOYEN !?
AUCUN, MONSIEUR LE PRÉSIDENT. NOUS NE POUVONS PLUS RIEN TRANSMETTRE VERS LA TERRE. RIEN !.
EN S'EMPARANT DU CENTRE DE TÉLÉCOMMUNICATIONS D'EDMOND'S VALLEY, LES FORCES DE TIPTREE NOUS ONT BEL ET BIEN BÂILLONNÉS. C'EST SIMPLE : POUR LA TERRE, NOUS N'EXISTONS PLUS.
AUX QUATRE COINS DU PAYS, TOUS NOS CENTRES STRATÉGIQUES ONT ÉTÉ ENVAHIS PAR DE VÉRITABLES MARÉES HUMAINES. LA "CROISADE POUR LA PAIX" DE CE SATANÉ TIPTREE EST UN SUCCÈS TOTAL.
ET L'ARMÉE, BON DIEU ?!
VOUS SAVEZ, MONSIEUR... LÀ EN BAS, L'HIVER NUCLÉAIRE EST ÉPOUVANTABLE. NOS SOLDATS NE CROIENT PLUS À UNE GUERRE QUI DÉTRUIT PLUS LA PLANÈTE QUE L'ENNEMI D'EN FACE.
MMH... L'ENNEMI ?
SITUATION IDENTIQUE À LA NÔTRE. DAVID TIPTREE EST MAINTENANT UN PERSONNAGE UNIVERSEL.
EDMOND'S VALLEY
TOUT EST PRÊT, MONSIEUR TIPTREE.
NOUS SOMMES EN LIAISON AVEC LES PRINCIPALES CHAÎNES RADIO-TÉLÉ DU MONDE. VOUS POUVEZ COMMENCER QUAND VOUS VOULEZ.
BIEN. ALLONS-Y.
C'EST BIEN VRAI, MONSIEUR TIPTREE, LA GUERRE EST FINIE ?
HÉ OUI, BIEN VRAI.
JE VAIS D'AILLEURS L'ANNONCER MAINTENANT À TOUTE LA PLANÈTE.
20-

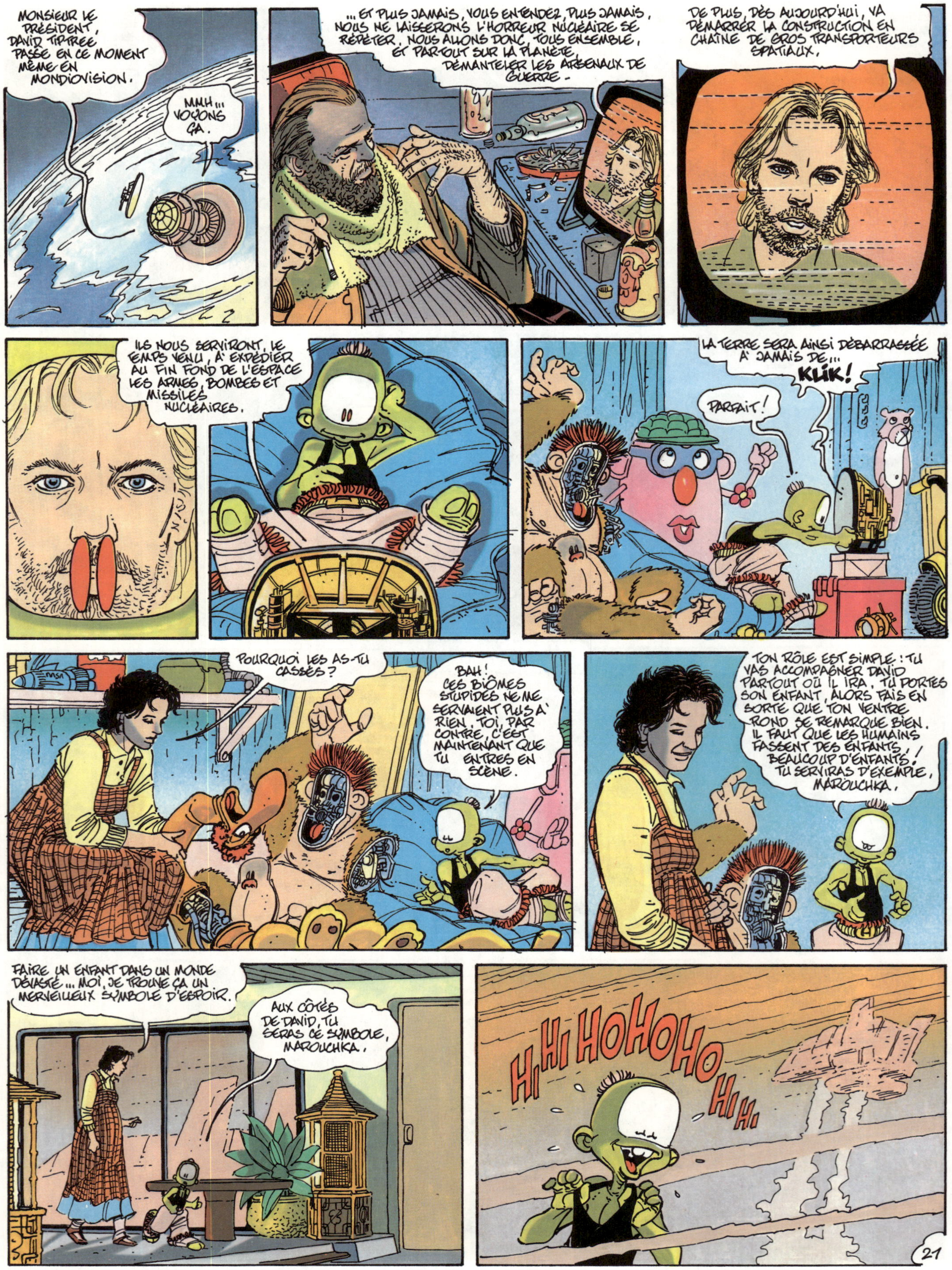
MONSIEUR LE PRÉSIDENT, DAVID TIPTREE PASSE EN CE MOMENT MÊME EN MONDIOVISION.
MMH... VOYONS ÇA.
... ET PLUS JAMAIS, VOUS ENTENDEZ, PLUS JAMAIS, NOUS NE LAISSERONS L'HORREUR NUCLÉAIRE SE RÉPÉTER. NOUS ALLONS DONC, TOUS ENSEMBLE, ET PARTOUT SUR LA PLANÈTE, DÉMANTELER LES ARSENAUX DE GUERRE.
DE PLUS, DÈS AUJOURD'HUI, VA DÉMARRER LA CONSTRUCTION EN CHAÎNE DE GROS TRANSPORTEURS SPATIAUX,
ILS NOUS SERVIRONT, LE TEMPS VENU, À EXPÉDIER AU FIN FOND DE L'ESPACE LES ARMES, BOMBES ET MISSILES NUCLÉAIRES.
LA TERRE SERA AINSI DÉBARRASSÉE À JAMAIS DE...
KLIK!
PARFAIT!
POURQUOI LES AS-TU CASSÉS?
BAH! CES BIÔMES STUPIDES NE ME SERVAIENT PLUS À RIEN. TOI, PAR CONTRE, C'EST MAINTENANT QUE TU ENTRES EN SCÈNE.
TON RÔLE EST SIMPLE : TU VAS ACCOMPAGNER DAVID PARTOUT OÙ IL IRA. TU PORTES SON ENFANT, ALORS FAIS EN SORTE QUE TON VENTRE ROND SE REMARQUE BIEN. IL FAUT QUE LES HUMAINS FASSENT DES ENFANTS! BEAUCOUP D'ENFANTS! TU SERVIRAS D'EXEMPLE, MAROUCHKA.
FAIRE UN ENFANT DANS UN MONDE DÉVASTÉ... MOI, JE TROUVE ÇA UN MERVEILLEUX SYMBOLE D'ESPOIR.
AUX CÔTÉS DE DAVID, TU SERAS CE SYMBOLE, MAROUCHKA.
HI HI HOHOHOHO HI HI
21

QUARANTE-TROIS MOIS D'HIVER NUCLÉAIRE PLUS TARD...
J'AI FROID, MOLMOL. POURQUOI M'AS-TU AMENÉ ICI ?
OBSERVE BIEN LE CIEL, MAXIME.
JE NE VOIS RIEN...
PATIENCE, MAXIME, PATIENCE. SOIS COMME TON PAPA : C'EST À FORCE DE PATIENCE QU'IL EST PARVENU À FAIRE DÉSARMER ENTIÈREMENT LA TERRE.
TU ES LE FILS DE DAVID TIPTREE, PETIT MAX, ET TU PEUX EN ÊTRE FIER, CAR GRÂCE À LUI, MES AMIS VONT POUVOIR VENIR SANS DANGER.
REGARDE, LES VOILÀ !
OH, C'EST QUOI ?
DES VAISSEAUX DE L'ESPACE. TU VOIS, DANS CHAQUE GROS BALLON, IL Y A DES MILLIERS DE MOLMOLS, COMME MOI.
DES MOLMOLS !? ILS VIENNENT HABITER SUR LA TERRE ?
OUI, PARTOUT, PARTOUT ! ET POUR TOUJOURS !
ET BIENTÔT, IL N'Y AURA PLUS QUE DES ENFANTS SUR LA TERRE. DES ENFANTS, ET DES MOLMOLS.
ET LES GRANDS ?
Languet
LES GRANDS ? BAH... C'EST SANS IMPORTANCE.
VIENS !
22.

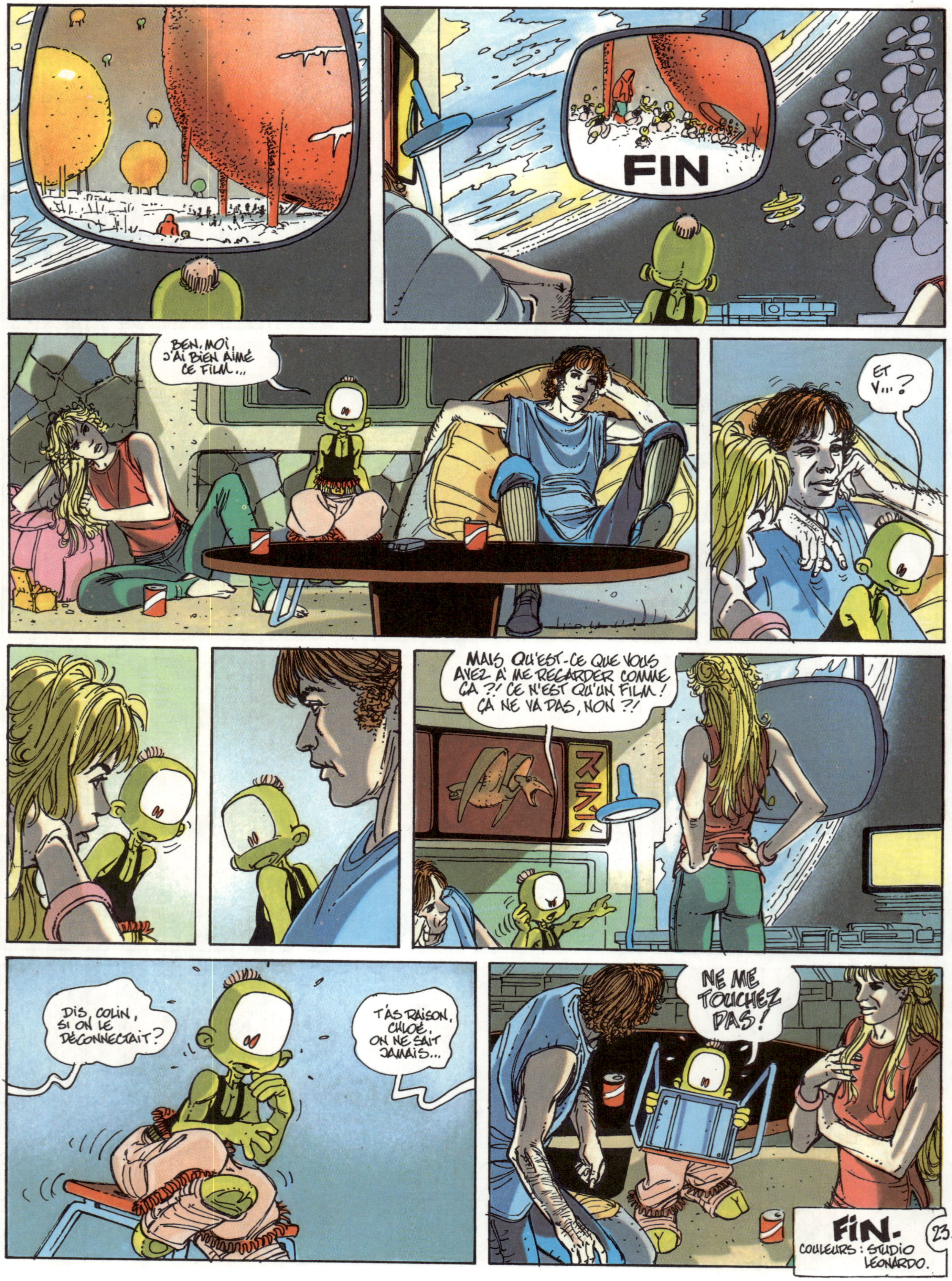
FIN
BEN, MOI J'AI BIEN AIMÉ CE FILM...
ET V... ?
MAIS QU'EST-CE QUE VOUS AVEZ À ME REGARDER COMME ÇA ?! CE N'EST QU'UN FILM ! ÇA NE VA PAS, NON ?!
DIS, COLIN, SI ON LE DÉCONNECTAIT ?
T'AS RAISON, CHLOÉ. ON NE SAIT JAMAIS...
NE ME TOUCHEZ PAS !
FIN.
23.
COULEURS : STUDIO LÉONARDO.

PIONNEER 10 : LA RÉPONSE

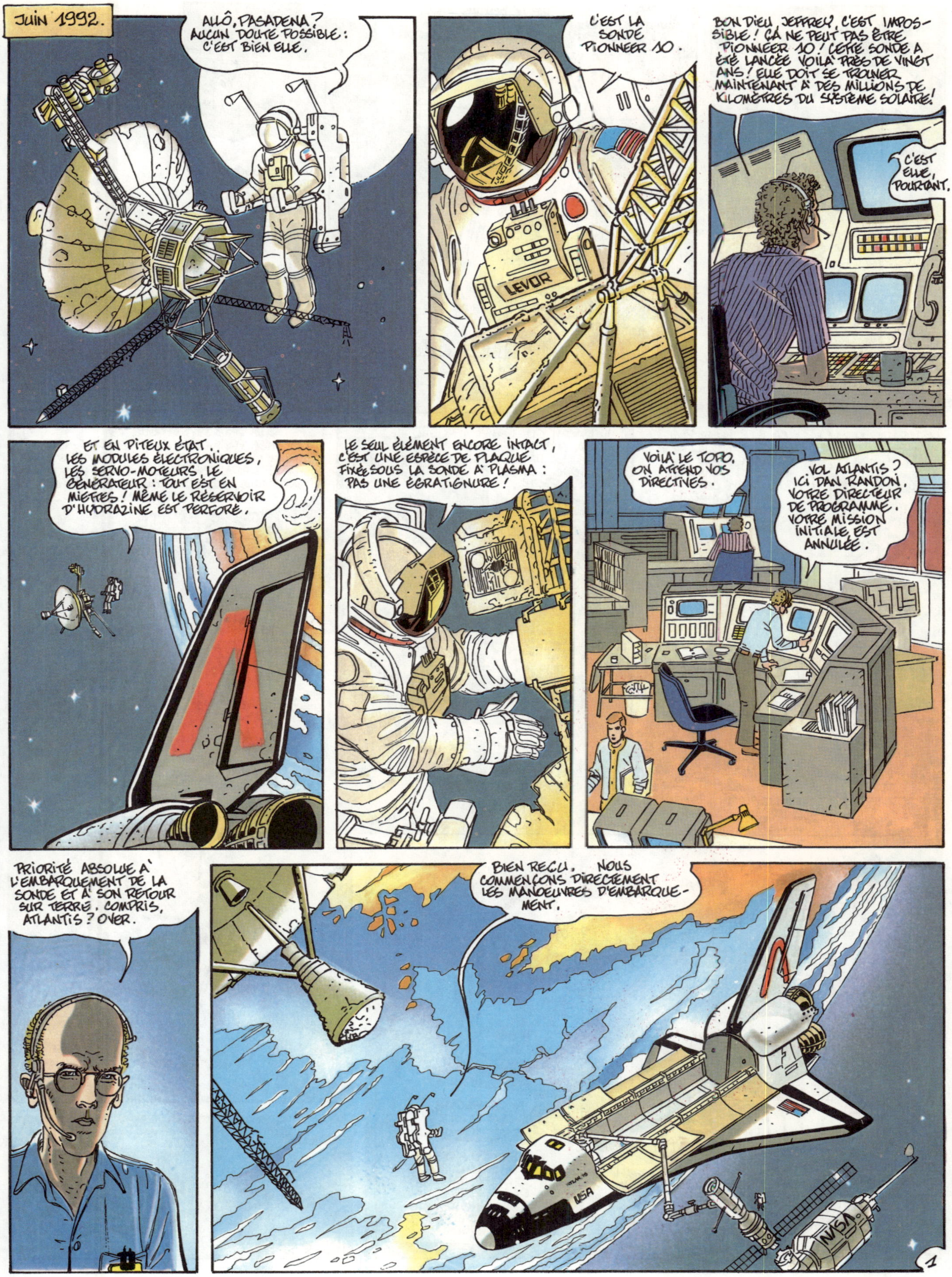

ANNÉE 2093.
ALORS, CHLOÉ, ÇA TE PLAÎT?
M'OUI. PAS MAL.
PAS MAL? SANS PLUS!? BEN DIS DONC, QUAND JE PENSE À CE QUE CET ORBICAB M'A COÛTÉ POUR VINGT JOURS DE LOCATION!
USA
OH LÀ LÀ! MAIS IL EST TRÈS BIEN, CET ORBICAB, COLIN. SEULEMENT TU SAIS QUE J'AURAIS PRÉFÉRÉ PASSER CE CONGÉ SUR TERRE, C'EST TOUT.
PFFF, SUR TERRE! LES TERRIENS N'EN FINISSENT PAS DE SE TAPER DESSUS. ET PUIS ILS ONT TELLEMENT SALOPÉ L'ATMOSPHÈRE QU'IL N'Y EXISTE PRATIQUEMENT PLUS DE CLIMATS TEMPÉRÉS...
LE PARADIS, QUOI!
ÇA N'EN RESTE PAS MOINS NOTRE PLANÈTE. ELLE EST SI BELLE, VUE D'ICI. DOMMAGE QU'IL Y AIT CET AFFREUX MACHIN DANS LE PAYSAGE!
IL PARAÎT QUE C'EST UN VRAI MYSTÈRE, CETTE ÉPAVE. LE TYPE QUI M'A LOUÉ L'ORBICAB M'EN A PARLÉ.
USA
ELLE DATE DE L'ÉPOQUE DES TOUTES PREMIÈRES NAVETTES SPATIALES. CELLE-CI ÉTAIT SUR LE POINT DE RENTRER DANS L'ATMOSPHÈRE QUAND UNE EXPLOSION A DÉCHIQUETÉ L'ARRIÈRE DU FUSELAGE! ON LE VOIT D'ICI, D'AILLEURS.
P.L.
NASA
United States
ET LE MYSTÈRE, C'EST QUOI?
BEN QU'APRÈS PLUS D'UN SIÈCLE, ELLE SOIT TOUJOURS EN ORBITE, ET QUI PLUS EST, À TRENTE-NEUF MILLE KILOMÈTRES DE SON ORBITE INITIALE!
NASA
United States
COLIN.
J'AI VU.
2.

ON AURAIT DIT UNE LUEUR DE FLASH ÉLECTRONIQUE. QU'EST-CE QUE ÇA POUVAIT BIEN ÊTRE?
AUCUNE IDÉE. ET ÇA RECOMMENCE, REGARDE!
DANS LES MINUTES QUI SUIVIRENT, L'ÉTRANGE LUEUR RÉAPPARUT PLUSIEURS FOIS, À INTERVALLES IRRÉGULIERS. TANTÔT BLEUTÉE, TANTÔT JAUNE.
LE MEILLEUR MOYEN DE COMPRENDRE CE QUI SE PASSAIT, C'ÉTAIT D'Y ALLER VOIR DE PLUS PRÈS.
CHLOÉ, JE SUIS DEHORS. ÉLOIGNE-TOI UN PEU, ON NE SAIT JAMAIS.
NASA
United States
TIENS, C'EST CURIEUX: IL N'Y A PAS DE TRACES D'EXPLOSION À L'INTÉRIEUR DES MOTEURS.
CHLOÉ, L'OUVERTURE EST ASSEZ LARGE, J'ENTRE DANS LA SOUTE.
ÇA VA. JE T'Y SUIS SUR LE SCANNER INFRA-ROUGES.
IL Y A UN TRUC... UNE SORTE DE VIEUX SATELLITE. UNE SUPERBE PIÈCE DE MUSÉE.
MAIS À PART ÇA, JE NE VOIS PAS CE QUI A PU PRODUIRE LES LUEURS COLORÉES.
COLIN! JE... JE DÉTECTE UNE AUTRE SOURCE DE CHALEUR QUE LA TIENNE, DANS LA SOUTE!
3

AH! TU ES SÛRE? OÙ?
TOUT PRÈS DE TOI. UN PEU SUR LA DROITE.
LA SOURCE A UNE FORME RECTANGULAIRE, PAS TRÈS GRANDE... OUI, CONTINUE! TU LA TOUCHES PRESQUE.
VOILÀ, TU Y ES! QU'EST-CE QUE C'EST?
UNE SORTE DE PLAQUE FIXÉE À UN DES BRAS DU SATELLITE... ENFIN, DU SATELLITE: À VOIR TOUS CES INSTRUMENTS DE MESURES, ÇA DEVAIT PLUTÔT ÊTRE UNE SONDE SPATIALE.
LA PLAQUE EST ENTIÈREMENT LISSE. JE NE SAIS PAS À QUOI ELLE POUVAIT SERVIR. L'ÉMISSION DE CHALEUR PERSISTE?
ELLE PERSISTE!
BON. BEN JE VAIS DÉMONTER LA CHOSE. IL Y A TOUT CE QU'IL FAUT DANS L'ORBICAB POUR L'ÉTUDIER DE PLUS PRÈS.
QUELQUES MINUTES PLUS TARD.
CHLOÉ! IL Y A QUELQUE CHOSE SUR L'AUTRE CÔTÉ DE LA PLAQUE!
NASA
USA
CE SONT DES DESSINS GRAVÉS: ET TU NE DEVINERAS JAMAIS CE QU'ILS REPRÉSENTENT!
4

LES DESSINS REPRÉSENTAIENT UN HOMME ET UNE FEMME, ENTOURÉS DE SYMBOLES CURIEUX.
DE RETOUR DANS L'ORBICAB, COLIN EUT L'IDÉE DE CONSULTER LES ARCHIVES DU SYSTÈME SOLAIRE. LA RÉPONSE NE TARDA PAS, VIA L'ANDROBOT.
CETTE PLAQUE FAISAIT PARTIE D'UNE SONDE SPATIALE, LANCÉE DU CAP KENNEDY LE 3 MARS 1972. COMME ELLE DEVAIT S'ÉCHAPPER DE NOTRE SYSTÈME SOLAIRE, LES GENS DE L'ÉPOQUE EURENT L'IDÉE D'Y FIXER CE MESSAGE.
UN MESSAGE ?
OUI. DESTINÉ À ÊTRE LU PAR UNE ÉVENTUELLE INTELLIGENCE EXTRATERRESTRE. EN GROS, IL SITUE NOTRE SOLEIL PAR RAPPORT À UNE SÉRIE D'ÉTOILES. LE TOUT RÉDIGÉ EN LANGAGE BINAIRE.
SELON LES ARCHIVES PIONNEER 10 QUITTA LE SYSTÈME SOLAIRE EN 1987, APRÈS AVOIR FRÔLÉ PLUTON. ELLE DEVRAIT FAIRE ROUTE ACTUELLEMENT VERS ALDÉBARAN.
ET POURTANT ELLE EST ICI, DANS LA SOUTE D'UNE ÉPAVE ! DU XXe SIÈCLE.
...QUI ÉMET D'INEXPLICABLES FLASHES LUMINEUX.
UNE FOUILLE DÉTAILLÉE DE L'ÉPAVE N'APPORTA PAS D'ÉLÉMENTS NOUVEAUX : LE MYSTÈRE ÉTAIT EN BÉTON.
USA
ET PUIS, UN JOUR, CHLOÉ TROUVA. L'ANDROBOT ÉTAIT EN TRAIN DE LUI "LIRE" UN DES NOMBREUX ROMANS QU'IL AVAIT EN MÉMOIRE, QUAND SOUDAIN UNE PHRASE LA FRAPPA.
ATTENDS ! RÉPÈTE UN PEU LA DERNIÈRE PHRASE... DEPUIS "ET ENSUITE".
...ET ENSUITE WATSON INSCRIVIT SA RÉPONSE AU DOS DU MESSAGE D'HOLMES.
COLIN ! LA PLAQUE SUR LA SONDE, ELLE ÉTAIT FIXÉE À L'ENVERS, NON ?

Oui, pourquoi?
OH, UNE IDÉE, COMME ÇA. SANS DOUTE COMPLÈTEMENT STUPIDE... MAIS POURQUOI PAS, APRÈS TOUT?
IMAGINONS QU'UN ÊTRE, DISONS UN EXTRATERRESTRE, AIT TROUVÉ ET COMPRIS LE MESSAGE GRAVÉ SUR LA PLAQUE; IL A PEUT-ÊTRE VOULU Y RÉPONDRE, EN UTILISANT POUR ÇA LE DOS DE LA PLAQUE, TU ME SUIS?
ADMETTONS: LE PROBLÈME, C'EST QU'IL N'Y A RIEN AU DOS DE LA PLAQUE!
EN APPARENCE! ÇA VAUDRAIT LE COUP D'Y REGARDER DE PLUS PRÈS, NON?
ÇA VALAIT LE COUP. ALORS, DES HEURES DURANT, ILS ANALYSÈRENT LA PLAQUE... SANS RÉSULTAT.
PFFRR! J'ABDIQUE! TON IDÉE ÉTAIT BIEN JOLIE, MAIS JE CROIS QU'ON FAIT FAUSSE ROUTE.
ET MOI, JE SUIS SÛRE DU CONTRAIRE!
ET MOI, MON AMOUR, JE SUIS SÛR D'UNE CHOSE: C'EST QU'ON VA OUBLIER CETTE PLAQUE JUSQU'À DEMAIN, D'ACCORD?
M'OUI, D'ACCORD. ET EN ATTENDANT?
DODO!
DODO?
DODO!
6.

UNE DIZAINE D'HEURES PLUS TARD...
ALLONS BON ! L'ANDROBOT N'A PAS PRÉPARÉ LE PETIT DÉJEUNER ! ET JE CRÈVE DE FAIM, MOI.
AÏE ! POURVU QU'IL NE COMMENCE PAS DÉJÀ À SE DÉRÉGLER, CE BIDULE, PARCE QUE MOI ET LA TECHNO DES ANDROBOTS, ÇA FAIT DEUX.
HO, L'ANDRO' ! OÙ TE CACHES-TU ?
ZZZZZZ
ZZZZ
L'ANDROBOT ÉTAIT BON POUR LA CASSE : SES REVÊTEMENTS AVAIENT ÉTÉ COMME RONGÉS PAR UN ACIDE. PLUS GRAVE ENCORE : LES COUPLAGES BIONIQUES DE SON CERVEAU ÉTAIENT GRILLÉS.
CE TRUC QU'IL TIENT DANS SA PINCE : ON S'EN SERVAIT HIER POUR FAIRE LES TESTS SUR LA PLAQUE !
LA PLAQUE !
BON DIEU !

COLIN ?!
TU AVAIS VU JUSTE, CHLO : TON IDÉE D'UNE RÉPONSE AU DOS DU MESSAGE...
REGARDE : LA VOILÀ, LA RÉPONSE.
SANS DOUTE À CAUSE DE LA LAMPE RESTÉE ALLUMÉE AU-DESSUS D'ELLE, LA PLAQUE AVAIT RÉAGI COMME UNE PLAQUE PHOTOGRAPHIQUE. ET CETTE MYSTÉRIEUSE ALCHIMIE AVAIT FAIT APPARAÎTRE L'IMAGE DE DEUX ÊTRES D'UN AUTRE MONDE,
... RÉPONDANT À L'IMAGE DESSINÉE DE DEUX ÊTRES DE NOTRE MONDE.
UN COUPLE, COMME NOUS.
JUSTEMENT : JE CROIS QU'IL FALLAIT UN COUPLE SEMBLABLE À CELUI DESSINÉ SUR LA PLAQUE POUR FAIRE APPARAÎTRE CETTE IMAGE.
TOUT CE QUI NE CORRESPONDAIT PAS À ÇA DEVAIT DÉCLENCHER UNE SORTE DE RÉACTION DE DÉFENSE, CE QUI EXPLIQUE L'ÉTAT DE LA NAVETTE, ET DE L'ANDROBOT.
ILS N'ONT PAS MIS DE REPÈRES QUI PERMETTENT DE LES SITUER, C'EST DOMMAGE !
DOMMAGE ? DOMMAGE POUR QUI ? POUR EUX ?
8
FIN

LE SCULPTEUR D'ASTÉROÏDES

UN DES VAISSEAUX DE L'ASTERCO, COMPAGNIE PROPRIÉTAIRE DE LA MINE, FAISAIT ALORS ROUTE VERS LA TERRE, APRÈS UN PÉRIPLE SUR LES LUNES DE JUPITER. ORDRE LUI FUT DONNÉ DE SE DÉTOURNER VERS 724 HARPAG.
LA CEINTURE...
... SALE COIN. SURVEILLE BIEN LES COORDONNÉES DE CES MAUDITS CAILLOUX.
PAS FACILE. L'ATTRACTION DE JUPITER CHAMBOULE LE PAYSAGE D'ANNÉE EN ANNÉE. J'ESPÈRE QUE NOS CARTES SONT TOUJOURS VALABLES.
HARPAG EST ENCORE LOIN ?
DEUX HEURES. ET SILENCE RADIO TOTAL.
CE TYPE QU'ON DOIT Y RETROUVER... CE STANISLAS LEMKO : DE DEUX CHOSES L'UNE : OU IL EST MORT, OU IL FAIT LE MORT.
ATTENTION. ON ARRIVE SUR L'ORBITE D'UN ASTÉROÏDE.
IL EST TOUT PROCHE... BON DIEU, COLIN ! REGARDE ÇA !
FANTASTIQUE ! UN ASTÉROÏDE ENTIÈREMENT SCULPTÉ. C'EST SUPERBE.
QSO
ASTERCO
MERCI, MON CHER, MERCI. MAIS C'EST LÀ UNE BROUTILLE PARMI LES IMMENSES POSSIBILITÉS DE MON GÉNIE CRÉATEUR.
L'ESPACE EST MON ATELIER. SOYEZ-Y LES BIENVENUS. LEMKO VOUS OUVRE LES PORTES D'UN MONDE SOMPTUEUX. VENEZ-Y, COUREZ-Y.
2.

450
ASTERCO
APRÈS CE PREMIER CONTACT, UNE CHOSE ÉTAIT ÉVIDENTE : L'HABITANT DE 724 HARPAG N'AVAIT PLUS TOUTE SA RAISON.
DIS, COLIN. COMMENT VA-T-ON S'Y PRENDRE ? T'AS UNE IDÉE, TOI ?
COMMENÇONS TOUJOURS PAR RENTRER DANS SON JEU, APRÈS, ON VERRA.
ENTREZ, AMIS, ENTREZ ! SOYEZ DONC LES PREMIERS À METTRE PIED SUR MON ÎLE DE BEAUTÉ.
C'EST POUR NOUS UN GRAND HONNEUR, MAÎTRE LENKO. VOUS NOUS...
CHUUUT ! NE BOUGEONS PLUS, PLUS UN GESTE, PLUS UN SOUPIR,
MAIS QUE ?!...
...ET PUIS NON. NON NON NON. J'AI PENSÉ UN INSTANT UTILISER VOTRE VISAGE COMME MODÈLE D'UNE DE MES PROCHAINES OEUVRES, MAIS NON : LES TRAITS EN SONT FADES, SANS VIGUEUR... NON NON NON... OUBLIONS CELA !
AH !
MAIS JE PARLE, JE PARLE, ET JE VOUS SENS IMPATIENTS DE DÉCOUVRIR LES MERVEILLES QUI BIENTÔT PARSÈMERONT TOUT LE SYSTÈME SOLAIRE.
MMH ?
VENEZ.
MON ATELIER.
3.

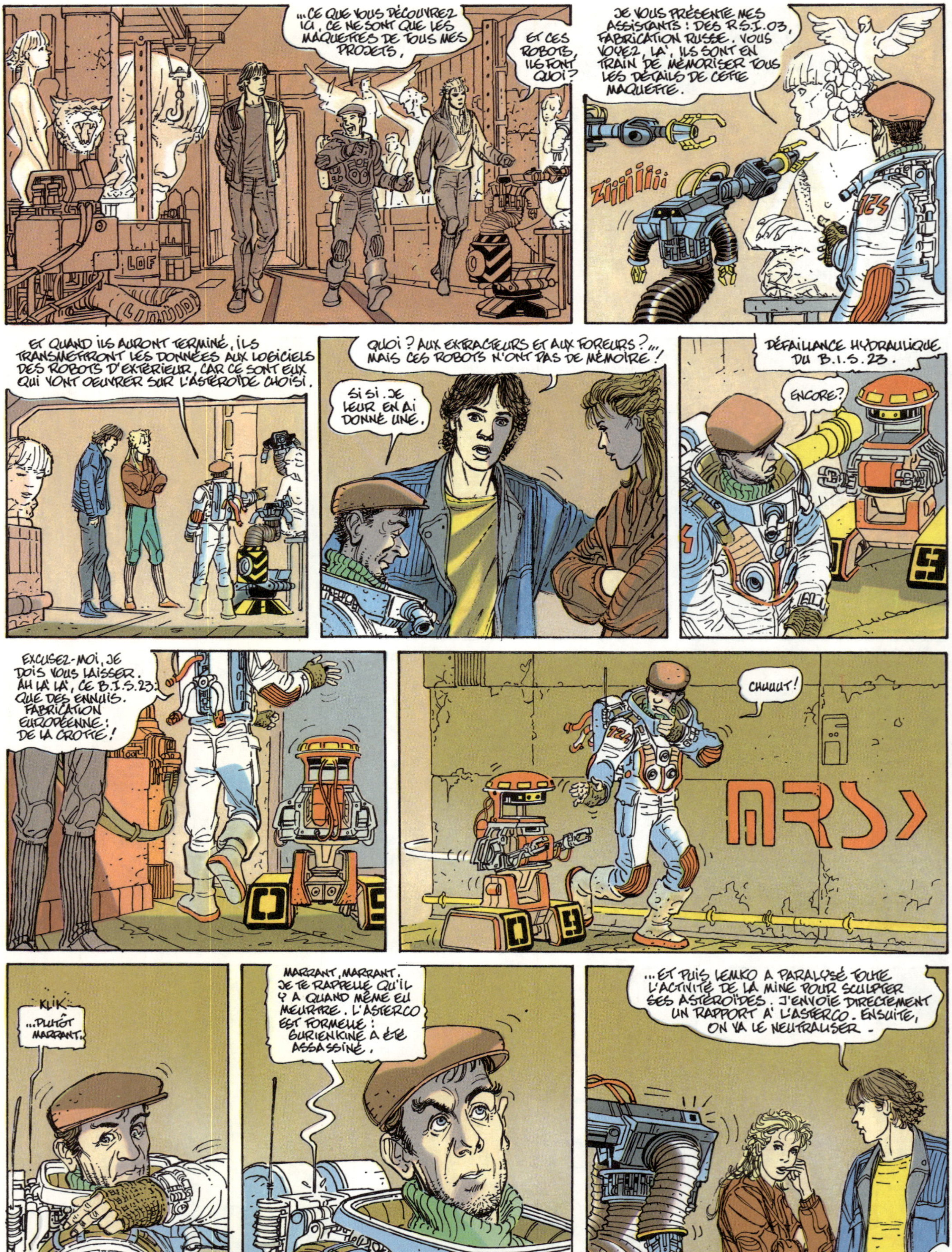
...CE QUE VOUS DÉCOUVREZ ICI, CE NE SONT QUE LES MAQUETTES DE TOUS MES PROJETS.
ET CES ROBOTS, ILS FONT QUOI ?
JE VOUS PRÉSENTE MES ASSISTANTS : DES R.S.I. 03, FABRICATION RUSSE. VOUS VOYEZ, LÀ, ILS SONT EN TRAIN DE MÉMORISER TOUS LES DÉTAILS DE CETTE MAQUETTE.
ZIIIIIIII
ET QUAND ILS AURONT TERMINÉ, ILS TRANSMETTRONT LES DONNÉES AUX LOGICIELS DES ROBOTS D'EXTÉRIEUR, CAR CE SONT EUX QUI VONT OEUVRER SUR L'ASTÉROÏDE CHOISI.
QUOI ? AUX EXTRACTEURS ET AUX FOREURS ?... MAIS CES ROBOTS N'ONT PAS DE MÉMOIRE !
SI SI. JE LEUR EN AI DONNÉ UNE.
DÉFAILLANCE HYDRAULIQUE DU B.I.S. 23.
ENCORE ?
EXCUSEZ-MOI, JE DOIS VOUS LAISSER. AH LÀ LÀ, CE B.I.S. 23 : QUE DES ENNUIS. FABRICATION EUROPÉENNE : DE LA CROTTE !
CHUUUT !
MRS
KLIK
...PLUTÔT MARRANT.
MARRANT, MARRANT. JE TE RAPPELLE QU'IL Y A QUAND MÊME EU MEURTRE. L'ASTERCO EST FORMELLE : BURIENKINE A ÉTÉ ASSASSINÉ.
...ET PUIS LEMKO A PARALYSÉ TOUTE L'ACTIVITÉ DE LA MINE POUR SCULPTER SES ASTÉROÏDES. J'ENVOIE DIRECTEMENT UN RAPPORT À L'ASTERCO. ENSUITE, ON VA LE NEUTRALISER.
4.

...ET ON VA LE NEUTRALISER COMMENT? EN L'ASSOMMANT?!
S'IL LE FAUT, OUI. EN ATTENDANT, ON VA PROFITER DE SON ABSENCE POUR ENVOYER LE MESSAGE À L'ASTERCO. VIENS.
NON. PENDANT QUE TU MOUCHARDES CE PAUVRE TYPE AUX CULS-TERREUX DE L'ASTERCO, MOI JE CONTINUE LA VISITE. IL A UN TALENT FOU, CE LEMKO.
DÉSOLÉ, CHLO. MAIS J'AI BESOIN DE TES LUMIÈRES POUR DIRIGER L'ANTENNE. ALLEZ, VIENS.
HERSIE, LES ROBOTS DE L'ATELIER DE SOUDURE SONT OPÉRATIONNELS?
OUI STANISLAS.
OLAN A REMPLACÉ LEUR CARTOUCHE D'HYDROGÈNE JUSTE AVANT DE...
TAIS-TOI! JE NE VEUX PLUS T'ENTENDRE PRONONCER LE NOM DE CET IMBÉCILE DE GURIENKINE.
EFFACE-LE DE TA MÉMOIRE. C'EST UN ORDRE. ET MAINTENANT, LAISSE-MOI SEUL.
ORDRE ENREGISTRÉ STANISLAS.
QUELQUES MINUTES PLUS TARD.
LEMKO!? OÙ ÊTES-VOUS?
ZZIIIIIII
ICI.
JE SUIS DÉÇU, TRÈS TRÈS TRÈS DÉÇU!
ZZIIIII
ON
5
COLIN, ATTENTION! C'EST UN SOUDEUR À LASER.
DÉÇU
ZZIIIIIII
ON
5.

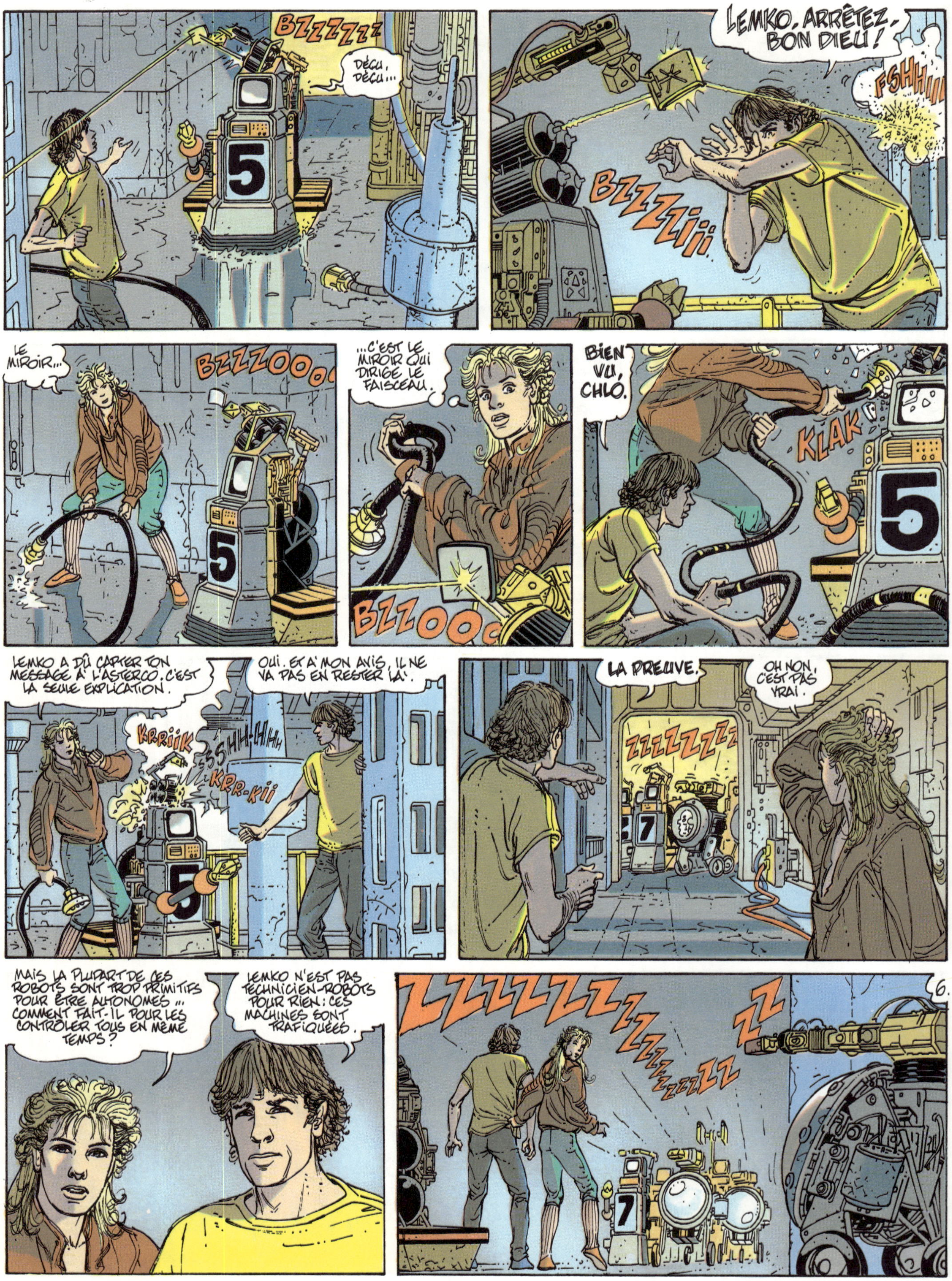
BZZZZZZ
DÉÇU, DÉÇU...
LEMKO, ARRÊTEZ, BON DIEU !
FSHHH
BZZZIII
LE MIROIR...
BZZZOOOO
...C'EST LE MIROIR QUI DIRIGE LE FAISCEAU.
BZZOOO
BIEN VU, CHLO.
KLAK
LEMKO A DÛ CAPTER TON MESSAGE À L'ASTEROO. C'EST LA SEULE EXPLICATION.
OUI. ET À MON AVIS, IL NE VA PAS EN RESTER LÀ.
KRRIIK
SSHHHHH
KRR-KII
LA PREUVE.
OH NON, C'EST PAS VRAI.
ZZZZZZZ
MAIS LA PLUPART DE CES ROBOTS SONT TROP PRIMITIFS POUR ÊTRE AUTONOMES ... COMMENT FAIT-IL POUR LES CONTRÔLER TOUS EN MÊME TEMPS ?
LEMKO N'EST PAS TECHNICIEN-ROBOTS POUR RIEN. CES MACHINES SONT TRAFIQUÉES.
ZZZZZZZZZZZZZZZ
6.

LEMKO ! À QUOI JOUEZ-VOUS ? STOPPEZ CES ROBOTS.
IL NE JOUE PAS, CE DINGUE A TOUT SIMPLEMENT DÉCIDÉ DE NOUS ÉLIMINER.
ZZZZZZ
5
COMME IL L'A DÉJÀ FAIT AVEC GURIENKINE. SALETÉ !
RASSURE-TOI, RIEN NE M'ARRÊTERA. NI EUX, NI LES AUTRES... RIEN, TU M'ENTENDS : RIEN.
...BIENTÔT, J'AURAI SCULPTÉ TON VISAGE DANS LA ZONE CLAIRE DE GANYMÈDE.
CE SERA UNE ŒUVRE GIGANTESQUE.
DES MILLIONS DE TONNES DE ROCHES ET DE GLACES, MODELÉES À TON IMAGE. AINSI CET ASTRE FROID ET MORT DEVIENDRA LA MERVEILLE DU SYSTÈME SOLAIRE
QU'EST-CE QUE VOUS ATTENDEZ, LEMKO ? VOUS FAITES DURER LE PLAISIR OU QUOI ?
ZZZZ
CHLO, TU SENS CES VIBRATIONS ?
ZZZZ
AH ! LES B.I.S. 23 DÉCOLLENT. ALLEZ, MES AMIS, ALLEZ : JE VOUS REJOINDRAI LE MOMENT VENU.
7

...LES VIBRATIONS, CE GRONDEMENT... COLIN, ON DIRAIT QU'UN ENGIN DÉCOLLE D'HARPAG !
ZZZZZ
BON DIEU, LEMKO ! ÇA DOIT ÊTRE LEMKO QUI FICHE LE CAMP.
IL FAUT QU'ON SE SORTE DE CE GUÊPIER. IL LE FAUT... IL - LE - ...
ZZZZZ
KRRRR
KRRR-KR
KRRR-KRRRR
SOMBRE IMBÉCILE. JE T'AVAIS DIT D'Y FAIRE ATTENTION. TU VIENS DE BRISER LA PIÈCE MAÎTRESSE DE MON OEUVRE.
ENREGISTREZ MES EXCUSES, STANISLAS.
TES EXCUSES ! VOILÀ CE QUE J'EN FAIS, ABRUTI, DE TES EXCUSES.
BONG
MON VISAGE, MON DOUX VISAGE, JUSTEMENT LE MODÈLE DE CELUI QUE JE VAIS TAILLER DANS GANYMÈDE.
...TU AS AUTANT DE CERVELLE QU'UN TOASTER, ET ENCORE...
C'EST ÇA, DISPARAIS ! JE N'AI PAS BESOIN DE TOI POUR TERMINER LES PRÉPARATIFS. ET QUE JE NE TE TROUVE PLUS SUR MON CHEMIN -
ZZZZZZ
KRISHHHH
CHOL

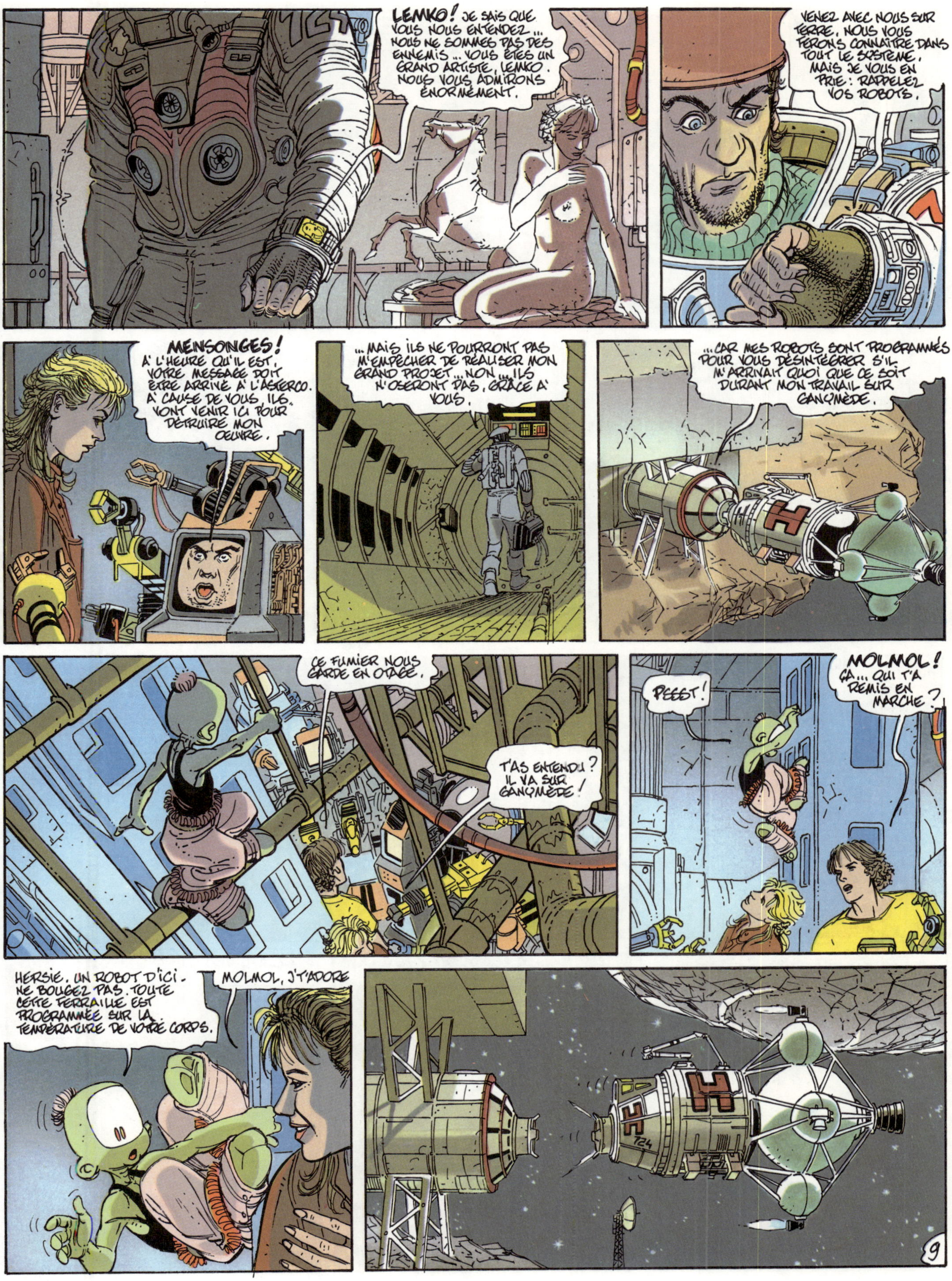
LEMKO! JE SAIS QUE VOUS NOUS ENTENDEZ... NOUS NE SOMMES PAS DES ENNEMIS... VOUS ÊTES UN GRAND ARTISTE, LEMKO. NOUS VOUS ADMIRONS ÉNORMÉMENT.
VENEZ AVEC NOUS SUR TERRE. NOUS VOUS FERONS CONNAÎTRE DANS TOUT LE SYSTÈME. MAIS JE VOUS EN PRIE : RAPPELEZ VOS ROBOTS.
MENSONGES! À L'HEURE QU'IL EST, VOTRE MESSAGE DOIT ÊTRE ARRIVÉ À L'ASTERCO. À CAUSE DE VOUS, ILS VONT VENIR ICI POUR DÉTRUIRE MON OEUVRE.
...MAIS ILS NE POURRONT PAS M'EMPÊCHER DE RÉALISER MON GRAND PROJET... NON... ILS N'OSERONT PAS, GRÂCE À VOUS.
...CAR MES ROBOTS SONT PROGRAMMÉS POUR VOUS DÉSINTÉGRER S'IL M'ARRIVAIT QUOI QUE CE SOIT DURANT MON TRAVAIL SUR GANYMÈDE.
CE FUMIER NOUS GARDE EN OTAGE.
T'AS ENTENDU? IL VA SUR GANYMÈDE!
PSSST!
MOLMOL! ÇA... QUI T'A REMIS EN MARCHE?
HERSIE. UN ROBOT D'ICI. NE BOUGEZ PAS. TOUTE CETTE FERRAILLE EST PROGRAMMÉE SUR LA TEMPÉRATURE DE VOTRE CORPS.
MOLMOL, J'T'ADORE
724
9

MOLMOL, FAIS QUAND MÊME ATTENTION.
ATTENTION À QUOI ? CES ROBOTS NE PEUVENT PAS ME DÉTECTER : TU OUBLIES QUE JE SUIS, MOI AUSSI, UN ROBOT ?
VOILÀ. VOUS POUVEZ BOUGER MAINTENANT. ILS SONT TOUS DÉSACTIVÉS.
PREMIÈRE CHOSE : DÉCOUVRIR CE QUE LEMKO VA TRAFIQUER SUR GANYMÈDE.
VOICI SON "ASSISTANT" HERSIE : SUFFIT DE LE LUI DEMANDER.
ZZZZ
... MAIS POUR ÇA, JE DOIS LE BRICOLER UN PEU. CE CHER HERSIE NE RÉPOND QU'À LA VOIX DE LEMKO.
CHLOÉ, TIENS-MOI ÇA, S'IL TE PLAÎT.
KRISH
ÇA Y EST, JE SUIS CONNECTÉ SUR SA MÉMOIRE... LEMKO SE DIRIGE BIEN VERS GANYMÈDE,
... DES ROBOTS-SONDES B.I.S. 23 LE PRÉCÈDENT. ILS SONT ÉQUIPÉS DE CHARGES EXPLOSIVES DE TRÈS FORTE PUISSANCE.
LEUR MISSION EST DE DÉGROSSIR LA ZONE CLAIRE DE GANYMÈDE.
CAR LEMKO VEUT Y SCULPTER UN VISAGE...
10

GANYMÈDE.
LE PLUS GRAND SATELLITE DE JUPITER
DIAMÈTRE : 5270 KM.
COLONIES HUMAINES : 2.
FONCTION : STATION DE POMPAGE D'EAU.
...CETTE SCULPTURE, JE L'APPELLERAI "LA CAPTIVE".
OUI, CAPTIVE COMME TOI TU L'ES, GANYMÈDE... PRISONNIÈRE DE L'ATTRACTION DE CE MONSTRE DE JUPITER QUI...
H
AH! À CE PROPOS, LE PILOTE AUTOMATIQUE DOIT EFFECTUER UNE DERNIÈRE CORRECTION DE TRAJECTOIRE DANS... DANS VINGT SECONDES.
... TROIS, DEUX, UN, TOP!
?
MAIS?! AUCUN MOTEUR NE S'EST ALLUMÉ. POURQUOI? ILS DEVAIENT S'ALLUMER, C'ÉTAIT PROGRAMMÉ!
POURQUOI N'AS-TU PAS FAIT LA CORRECTION? POURQUOI?
BONG BONG
HERSIE! NON. TU N'AS PAS FAIT ÇA!?
NOOONNNN
ZONE GALILEO REGIO. 18.16 EST 72-23 NORD. C'ÉTAIT LA DERNIÈRE.
...ZONE GALILEO REGIO. 18.16 EST 72-23 NORD. BIEN REÇU, GANYMÈDE?
BIEN REÇU
VOILÀ. LES COLONS DE GANYMÈDE ONT TOUTES LES COORDONNÉES DES ENDROITS OÙ LES B.I.S. 23 DOIVENT PLACER LEURS CHARGES EXPLOSIVES. RESTE À ESPÉRER QU'ILS ARRIVERONT À TEMPS. OÙ EN EST LEMKO?
À MI-CHEMIN. MAIS IL Y A QUELQUE CHOSE QUI CLOCHE DANS SA TRAJECTOIRE.
11.

COULEURS : STUDIO LEONARDO.

Les albums du journal Spirou

AGENT 212

1. 24 heures sur 24
2. Au nom de la loi
3. Sens interdit
4. Voie sans issue
5. Poulet aux amendes
6. Ronde de nuit
7. Un flic à l'ombre
8. Pas de panique

ARCHIE CASH

1. Le maître de l'épouvante
2. le carnaval des zombies
3. Le déserteur de Toro-Toro
4. Un train d'enfer
5. Cibles pour Long-Thi
6. Où règnent les rats
7. Le démon aux cheveux d'ange
8. Asphalte
9. Le cagoulard aux yeux rouges
10. Le chevalier de la mort verte
11. The Pop Corn Brothers
12. Les petits bouddhas qui chantent faux
13. Les Rastas et le bouffon bleu
14. Chasse-cœur à Koa-Gulé

ARISTOTE ET SES POTES

1. Service compris

ARKEL

1./2. Spécial double : Les sept diables supérieurs
3. Lilith

BENOIT BRISEFER

1. Les taxis rouges
2. Madame Adolphine
3. Les douze travaux de Benoît Brisefer
4. Tonton Placide
5. Le cirque Bodoni
6. Lady d'Olphine
7. Le fétiche

BERTHET

1. Le privé d'Hollywood
2. Mortes saisons
3. Couleur café
4. Amerika

BIDOUILLE ET VIOLETTE

1. Les premiers mots
2. Les jours sombres
3. La reine des glaces
4. La ville de tous les jours

BOBO

1. Bobo prend l'air
2. Bobo prend la mer
3. Bobo comic's troupier
4. Un sac en cavale
5. Destination Lune
6. L'homme-obus
7. La prison dorée
8. Le volontaire
9. Le professionnel

BOULE ET BILL

- 60 gags de Boule et Bill 1
- 60 gags de Boule et Bill 2
- 60 gags de Boule et Bill 3
- 60 gags de Boule et Bill 4
- 60 gags de Boule et Bill 5
- 60 gags de Boule et Bill 6
- 60 gags de Boule et Bill 7

8. Papa, maman, Boule et... moi
9. Une vie de chien
10. Attention, chien marrant !
11. Jeux de Bill
12. Ce coquin de cocker
13. Carnet de Bill
14. Ras le Bill !
15. Bill, nom d'un chien !
16. Souvenirs de famille
17. Tu te rappelles, Bill ?
18. Bill est maboul !
19. Globe-trotters
20. Strip Cocker
21. Billets de Bill

BROUSSAILLE

1. Les baleines publiques
2. Les sculpteurs de lumière

BUCK DANNY

1. Les Japs attaquent
2. Les mystères de Midway
3. La revanche des Fils du Ciel
4. les Tigres Volants
5. Dans les griffes du Dragon Noir
6. Attaque en Birmanie
7. Les trafiquants de la mer Rouge
8. Les pirates du désert
9. Les gangsters du pétrole
10. Pilotes d'essais
11. Ciel de Corée
12. Avions sans pilotes
13. Un avion n'est pas rentré
14. Patrouille à l'aube
15. NC 22654 ne répond plus
16. Menace au Nord
17. Buck Danny contre Lady X
18. Alerte en Malaisie
19. Le tigre de Malaisie
20. S.O.S. soucoupes volantes
21. Un prototype a disparu
22. Top secret
23. Mission vers la vallée perdue
24. Prototype FX 13
25. Escadrille ZZ
26. Le retour des Tigres Volants
27. Les Tigres Volants à la rescousse
28. Tigres Volants contre pirates
29. Opération Mercury
30. Les voleurs de satellites
31. X-15
32. Alerte à cap Kennedy
33. Le mystère des avions fantômes
34. Alerte atomique
35. L'escadrille de la mort
36. Les Anges bleus
37. Le pilote au masque de cuir
38. La vallée de la mort verte
39. Requins en mer de Chine
40. Ghost Queen

Hors collection :
Tarawa, atoll sanglant, (2 volumes)

LES CENTAURES, AURORE ET ULYSSE

1. La porte du néant
2. Le loup à deux têtes
3. L'odyssée
4. Les Amazones

CRISTAL

1. Venu d'ailleurs
2. Les tueurs d'un autre monde
3. Passeport pour l'angoisse
4. Sortilèges à Bahia

DOCTEUR POCHE

1. Il est minuit, docteur Poche
2. L'île des hommes-papillons
3. Karabouilla et les belles vacances
4. La planète des chats
5. Le géant qui posait des questions
6. Le renard bleu
7. Le petit singe qui faisait des manières
8. Gags en poche

LES FEMMES EN BLANC

1. Les femmes en blanc
2. Gaze à tous les étages
3. Le retour des supermalades

FELIX

5. Le tueur fantôme
6. Au pays du matin calme
7. La liste n° 3
8. La momie mène la danse
9. L'homme invisible

GASTON LAGAFFE

- 0. Gaffes et gadgets
- R1. Gala des gaffes à gogo
- R2. Le bureau des gaffes en gros
- R3. Gare aux gaffes du gars gonflé
- R4. En direct de Lagaffe
- R5. Le lourd passé de Lagaffe
- 6. Des gaffes et des dégâts
- 7. Un gaffeur sachant gaffer
- 8. Lagaffe nous gâte
- 9. Le cas Lagaffe
- 10. Le géant de la gaffe
- 11. Gaffes, bévues et boulettes
- 12. Le gang des gaffeurs
- 13. Lagaffe mérite des baffes
- 14. La saga des gaffes

GENIAL OLIVIER

1. L'école en folie
2. Le génie et sa génération
3. Génie, vidi, vici
4. Un généreux génie gêné
5. Le génie se surpasse
6. Un ingénieux ingénieur génial
7. Le passé recomposé
8. Electrons, molécules et pensums
9. L'électron et le blason
10. Un génie ingénu
11. Génie, péripéties et facéties
12. Un génie est chez nous
13. Un génie gai nickelé
14. Un génie un peu nigaud
15. Hi-Fi génie

GERMAIN

1. Qu'est-ce qu'on fait ?
2. C'est pas bientôt fini, ce silence ?
3. Vous trouvez ça bon ?
4. C'est pour la vie ?
5. Germain et nous
6. Qu'attend-on ?
7. Non, mais vous vous rendez compte ?
8. Mais qu'est-ce qu'il lui faut ?
9. Vous y croyez vraiment ?
10. Ça ne vous fait pas peur ?

GIL JOURDAN

1. Libellule s'évade
2. Popaïne et vieux tableaux
3. La voiture immergée
4. Les cargos du crépuscule
5. L'enfer de Xique-Xique
6. Surboum pour 4 roues
7. Les moines rouges
8. Les 3 taches
9. Le gant à 3 doigts
10. Le Chinois à deux roues
11. Chaud et froid
12. Pâtée explosive
13. Carats en vrac
14. Gil Jourdan et les fantômes
15. Sur la piste d'un 33 tours
16. Entre deux eaux

GINGER

1. Les yeux de feu
2. L'affaire Azinski
3. Les mouches de Satan

GODAILLE ET GODASSE

1. Madame Sans-Gêne
2. Sacré sacre !
3. Un hussard à la mer
4. Révolte en Espagne

GULLY

1. Les aventures de Gully
2. Le pays des menteurs
3. Le poisson bleu

LAÏYNA

1. La forteresse de pierre

L'HISTOIRE EN BANDES DESSINEES

1. L'épopée sanglante du Far West
2. Les mystérieux chevaliers du ciel
3. Incroyables aventures d'animaux
4. L'enfer sur mer
5. Les aventuriers du ciel
6. Héroïnes inconnues
7. Godefroi de Bouillon
8. Au cœur des grandes catastrophes
9. Baden-Powell (1re partie)
10. Baden-Powell (2e partie)
11. Surcouf (tome 1)
12. Surcouf (tome 2)
13. Surcouf (tome 3)
14. Charles de Foucauld
15. Mermoz
16. Stanley (tome 1)
17. Stanley (tome 2)

ISABELLE

1. Le tableau enchanté
2. Isabelle et le capitaine
3. Les maléfices de l'oncle Hermès
4. L'astragale de Cassiopée
5. Un empire de dix arpents
6. L'étang des sorciers
7. L'envoûtement du Népanthès

JEAN VALHARDI

1. Soleil noir
2. Le gang des diamants
3. Le château maudit
4. L'affaire Barnes
5. Le rayon super-gamma
6. La machine à conquérir le monde
7. Le mauvais œil
8. Le secret de Neptune
9. Rendez-vous sur le Yukon
10. Le naufrageur aux yeux vides
11. Le retour de Valhardi
12. Le grand rush
13. Le duel des idoles
14. Un gosse à abattre
15. Les êtres de la forêt

JEANNETTE POINTU

1. Le fils de l'Inca
2. Quatre × quatre
3. Le dragon vert

J.K. JEROME BLOCHE

1. L'ombre qui tue
2. Les êtres de papier
3. A la vie, à la mort
4. Passé recomposé

JERRY SPRING

3. Lune d'argent
4. Trafic d'armes
5. La passe des Indiens
6. La piste du Grand Nord
7. Le ranch de la malchance
8. Les 3 barbus de Sonoyta
9. Fort Red Stone
10. Le maître de la Sierra
11. La route de Coronado
12. El Zopilote
13. Pancho, hors-la-loi
14. Les broncos du Montana
15. Le loup solitaire
16. La fille du canyon
17. Le grand calumet
18. Le duel
19. Les vengeurs du Sonora
20. Jerry contre K.K.K.
21. L'or de personne

JESS LONG

1. Le bouddha écarlate
2. Les ombres du feu
3. La piste sanglante
4. Les masques de mort
5. Il était deux fois dans l'Ouest
6. Grand Canyon
7. La mort jaune
8. L'intimidation
9. La shérif
10. La bête
11. Ses adieux à la scène
12. Neige poudreuse à Liège

JOHAN ET PIRLOUIT

1. Le châtiment de Basenhau
2. Le maître de Roucybeuf
3. Le lutin du bois aux roches
4. La pierre de lune
5. Le serment des Vikings
6. La source des dieux
7. La flèche noire
8. Le sire de Montrésor
9. La flûte à six schtroumpfs
10. La guerre des sept fontaines
11. L'anneau des Castellac
12. Le pays maudit
13. Le sortilège de Maltrochu

LES JUNGLES PERDUES

1. Le grand safari
2. Chasseurs d'ivoire
3. Le trésor du Kawadji
4. S.O.S. jungle !
5. La saga des gorilles
6. Rapt
7. Les aventuriers de la préhistoire
8. Les chevaliers de l'enfer
9. Le péril rouge
10. Les épaves ressuscitées

LES KROSTONS

1. Ballade pour un Kroston
2. La maison des mutants
4. L'héritier

LUCKY LUKE

1. La mine d'or de Dick Digger
2. Rodéo
3. Arizona
4. Sous le ciel de l'Ouest
5. Lucky Luke contre Pat Poker
6. Hors-la-loi
7. L'élixir du docteur Doxey
8. Phil Defer
9. Des rails sur la prairie
10. Alerte aux Pieds-Bleus
11. Lucky Luke contre Joss Jamon
12. Les cousins Dalton
13. Le juge
14. Ruée sur l'Oklahoma
15. L'évasion des Dalton
16. En remontant le Mississippi
17. Sur la piste des Dalton
18. A l'ombre des derricks
19. Les rivaux de Painful Gulch
20. Billy the Kid
21. Les collines noires
22. Les Dalton dans le blizzard
23. Les Dalton courent toujours
24. La caravane
25. La ville fantôme
26. Les Dalton se rachètent
27. Le 20e de Cavalerie
28. L'escorte
29. Des barbelés sur la prairie
30. Calamity Jane
31. Tortillas pour les Dalton

MARC DACIER

1. Aventures autour du monde
2. A la poursuite du soleil
3. Au-delà du Pacifique
4. Les secrets de la mer de Corail
5. La main noire
6. L'abominable homme des Andes
7. L'empire du soleil
8. Le péril guette sous la mer
9. Les sept cités de Cibola
10. Les négriers du ciel
11. Chasse à l'homme
12. L'or du "Vent d'Est"
13. Le train fantôme

LES MOTARDS

1. Les motards
2. Et les motards, mon cher Watson?
3. Mieux vaut motard que jamais

NATACHA

1. Natacha, hôtesse de l'air
2. Natacha et le maharadjah
3. La mémoire de métal
4. Un trône pour Natacha
5. Double vol
6. Le treizième apôtre
7. L'hôtesse et Monna Lisa
8. Instantanés pour Caltech
9. Les machines incertaines
10. L'île d'outre-monde
11. Le grand pari
12. Les culottes de fer

PAPYRUS

1. La momie engloutie
2. Le maître des trois portes
3. Le colosse sans visage
4. Le tombeau du pharaon
5. L'Egyptien blanc
6. Les quatre doigts du dieu Lune
7. La vengeance de Ramsès
8. La métamorphose d'Imhotep
9. Les larmes du géant
10. La pyramide noire

LA PATROUILLE DES CASTORS

1. Le mystère de Grosbois
2. Le disparu de Ker-Aven
3. L'inconnu de la villa Mystère
4. Sur la piste de Mowgli
5. La bouteille à la mer
6. Le trophée de Rochecombe
7. Le secret des monts Tabou
8. Le hameau englouti
9. Le traître sans visage
10. Le signe indien
11. Les loups écarlates
12. Menace en Camargue
13. La couronne cachée
14. Le chaudron du diable
15. L'autobus hanté
16. Le fantôme
17. Le pays de la mort
18. Les démons de la nuit
19. Vingt milliards sous la terre
20. El Demonio
21. Passeport pour le néant
22. Prisonniers du large
23. L'envers du décor
24. Souvenirs d'Elcasino
25. L'empreinte
26. L'île du Crabe
27. Blocus

PAUVRE LAMPIL

4 volumes

PECHES DE JEUNESSE

25 classiques des débuts de Derib, Franquin, Jidéhem, Jijé, Lambil, Macherot, Mazel, MiTacq, Sirius, Tillieux, Walthéry et Will.

LES PETITS HOMMES

1. L'exode
2. Des Petits Hommes au Brontoxique
3. Les guerriers du passé
4. Le lac de l'auto
5. L'œil du cyclope
6. Le vaisseau fantôme
7. Les ronces du samouraï
8. Du rêve en poudre
9. Le triangle du diable
10. Le peuple des abysses
11. Dans les griffes du Seigneur
12. Le guêpier
13. Les prisonniers du temps
14. Petits Hommes et hommes-singes
15. Mosquito 417
16. La planète Ranxérox
17. Le trou blanc
18. Le pickpocket
19. Alerte à Eslapion
20. Rapt en sous-sol
21. Les 6 clones
22. L'ermite de Rochafleur

PIERRE TOMBAL

1. Les 44 premiers trous
2. Histoires d'os
3. Mort aux dents

POUSSY

1. Ça, c'est Poussy
2. Faut pas Poussy
3. Poussy Poussa

421

1. Guerre froide
2. Bons baisers du septième ciel
3. Suicides
4. L'empire du milieu
5. Scotch Malaria

LA RIBAMBELLE

1. La Ribambelle gagne du terrain
2. La Ribambelle en Ecosse
3. La Ribambelle enquête
4. La Ribambelle contre-attaque
5. La Ribambelle s'envole
6. La Ribambelle aux Galopingos

SAMMY

1. Bons vieux pour les gorilles
2. Rhum Row
3. El Presidente
4. Les gorilles marquent des poings
5. Le gorille à huit pattes
6. Les gorilles font les fous
7. Les gorilles au pensionnat
8. Les gorilles et le Roi Dollar
9. Les pétroleurs du désert
10. Nuit blanche pour les gorilles
11. Deux histoires de gorilles
12. L'élixir de jeunesse
13. Le grand frisson
14. Les gorilles marquent des buts
15. Les gorilles à Hollywood
16. Ku-Klux-Klan
17. Les bébés flingueurs
18. Panique au Vatican
19. En piste, les gorilles!
20. Ma Attaway
21. Miss Kay
22. L'homme qui venait de l'au-delà
23. La diva

LES SCHTROUMPFS

1. Les Schtroumpfs noirs
2. Le Schtroumpfissime
3. La Schtroumpfette
4. L'œuf et les Schtroumpfs
5. Les Schtroumpfs et le Cracoucass
6. Le Cosmoschtroumpf
7. L'apprenti Schtroumpf
8. Histoires de Schtroumpfs
9. Schtroumpf vert et vert Schtroumpf
10. La soupe aux Schtroumpfs
11. Les Schtroumpfs olympiques
12. Le bébé Schtroumpf

LE SCRAMEUSTACHE

1. L'héritier de l'Inca
2. Le magicien de la Grande Ourse
3. Le continent des deux lunes
4. Le totem de l'espace
5. Le fantôme du Cosmos
6. La fugue du Scrameustache
7. Les Galaxiens
8. La menace des Kromoks
9. Le dilemme de Khéna
10. Le prince des Galaxiens
11. Le renégat
12. La saga de Thorgull
13. Le secret des Trolls
14. Les Kromoks en folie
15. Le stagiaire
16. Le grand retour

SIBYLLINE

1. Sibylline et la betterave
2. Sibylline en danger
3. Sibylline et les abeilles
4. Sibylline et le petit cirque
5. Sibylline s'envole
6. Sibylline et les cravates noires
7. Elixir le maléfique
8. Burokratz le vampire
9. Le chapeau magique
10. Le violon de Zagabor
11. Sibylline et le kulgude

SODA

1. Un ange trépasse
2. Lettres à Satan

LES SNORKY

1. Le requin jaune
2. Un Snorky à la dérive
3. Mousse en péril

SOPHIE

1. L'œuf de Karamazout
2. La bulle du silence
3. Les bonheurs de Sophie (1)
4. Qui fait peur à Zoé?
5. Le rayon Kâ
6. La maison d'en face
7. Sophie et le cube qui parle
8. Les bonheurs de Sophie (2)
9. La tiare de Matlotl Halatomatl
10. Sophie et le douanier Rousseau
11. Sophie et le souffle du dragon
12. Cette sacrée Sophie
14. Sophie et l'inspecteur Céleste
15. Sophie et Donald Mac Donald
16. Rétro Sophie
17. Sophie et Cie

SPIROU ET FANTASIO

1. Quatre aventures de Spirou et Fantasio
2. Il y a un sorcier à Champignac
3. Les chapeaux noirs
4. Spirou et les héritiers
5. Les voleurs de marsupilami
6. La corne du rhinocéros
7. Le dictateur et le champignon
8. La mauvaise tête
9. Le repaire de la murène
10. Les pirates du silence
11. Le gorille a bonne mine
12. Le nid des marsupilamis
13. Le voyageur du Mésozoïque
14. Le prisonnier du bouddha
15. Z comme Zorglub
16. L'ombre du Z
17. Spirou et les hommes-bulles
18. QRN sur Bretzelburg
19. Panade à Champignac
20. Le faiseur d'or
21. Du glucose pour Noémie
22. L'abbaye truquée
23. Tora-Torapa
24. Tembo Tabou
25. Le gri-gri du Niokolo-Koba
26. Du cidre pour les étoiles
27. L'Ankou
28. Kodo, le tyran
29. Des haricots partout
30. La ceinture du grand froid
31. La boîte noire
32. Les faiseurs de silence
33. Virus
34. Aventure en Australie
35. Qui arrêtera Cyanure?
36. L'horloger de la comète
37. Le réveil du Z
38. La jeunesse de Spirou
39. Spirou à New York

THÉODORE POUSSIN

1. Capitaine Steene
2. Le mangeur d'archipels

TIF ET TONDU

1. La villa Sans-Souci
2. Le trésor d'Alaric
3. Oscar et ses mystères
4. Tif et Tondu contre la Main Blanche
5. Le retour de Choc
6. Passez muscade
7. Plein gaz
8. La villa du Long-Cri
9. Choc au Louvre
10. Les flèches de nulle part
11. La poupée ridicule
12. Le réveil de Toar
13. Le grand combat
14. La matière verte
15. Tif rebondit
16. L'ombre sans corps
17. Tif et Tondu contre le Cobra
18. Le roc maudit
19. Sorti des abîmes
20. Les ressuscités
21. Le scaphandrier mort
22. Un plan démoniaque
23. Tif et Tondu à New York
24. Aventure birmane
25. Le retour de la bête
26. Le gouffre interdit
27. Les passe-montagnes
28. Métamorphoses
29. Le sanctuaire oublié
30. Echecs et match
31. Swastika
32. Traitement de Choc
33. Choc 235
34. Le fantôme du samouraï
35. Dans les griffes de la Main Blanche
36. Magdalena

TIMOUR

1. La tribu de l'homme rouge
2. La colonne ardente
3. Le talisman de Timour
4. Le glaive de bronze
5. Le captif de Carthage
6. Le fils du centurion
7. Le gladiateur masqué
8. Timour contre Attila
9. Le cachot sous la Seine
10. Le cavalier sans visage
11. La francisque et le cimeterre
12. Timour d'Armor
13. Mission à Byzance
14. Le drakkar rouge
15. Alerte sur le fleuve
16. Le serment de Hastings
17. L'ombre du Cid
18. La galère pirate
19. Le fils du Croisé
20. L'oiseau flamboyant
21. Le sceau du Templier
22. La gondole noire
23. L'or du gouffre
24. Terre sauvage
25. La nuit rouge

LES TUNIQUES BLEUES

1. Un chariot dans l'Ouest
2. Du Nord au Sud
3. Et pour 1.500 dollars en plus
4. Outlaw
5. Les déserteurs
6. La prison de Robertsonville
7. Les bleus de la marine
8. Les cavaliers du ciel
9. La grande patrouille
10. Des bleus et des tuniques
11. Des bleus en noir et blanc
12. Les bleus tournent cosaques
13. Les bleus dans la gadoue
14. Le blanc-bec
15. Rumberley
16. Bronco Benny
17. El Padre
18. Blue rétro
19. Le David
20. Black Face
21. Les 5 salopards
22. Des bleus et des dentelles
23. Les cousins d'en face
24. Baby blue
25. Des Bleus et des bosses
26. L'or du Québec
27. Bull Run

VIEUX NICK

2. Le vaisseau du diable
3. Les mangeurs de citron
4. L'île de la Main-Ouverte
5. Les mutinés de la Sémillante
6. Dans la gueule du dragon
7. Aux mains des Akwabons
8. Sa Majesté se rebiffe
9. L'or du « El Terrible »
10. Le trois-mâts fantôme
11. Les boucaniers
12. Barbe-Noire et les Indiens
26. L'île rouge

YOKO TSUNO

1. Le trio de l'étrange
2. L'orgue du diable
3. La forge de Vulcain
4. Aventures électroniques
5. Message pour l'éternité
6. Les trois soleils de Vinéa
7. La frontière de la vie
8. Les titans
9. La fille du vent
10. La lumière d'Ixo
11. La spirale du temps
12. La proie et l'ombre
13. Les archanges de Vinéa
14. Le feu de Wotan
15. Le canon de Kra
16. Le dragon de Hong Kong

ALBUMS DE LUXE

(de 96 à 192 pages)

Spécial L. Luke (10 volumes)
Tout B. Danny (10 volumes)
Tout Gil Jourdan (6 volumes)
Ensemble (2 volumes)